AF532706

Das alternative WP Handbuch

Freud- und Leidfaden für Wirtschaftsprüfer
Trostbüchlein für Rechnungsleger
Vademecum für Manager und Aufsichtsräte

Sebastian Hakelmacher / 3. Auflage

IDW VERLAG GMBH

Das Thema Nachhaltigkeit liegt uns am Herzen:

Die IDW Verlag GmbH ist ein Unternehmen des Instituts der Wirtschaftsprüfer in Deutschland e. V. (IDW).

Satz: Reemers Publishing Services GmbH, Krefeld
Druck und Bindung: C.H.Beck, Nördlingen
KN 12009/0/0

ISBN 978-3-8021-2590-4

Bibliografische Information der Deutschen Bibliothek
Die Deutsche Bibliothek verzeichnet diese Publikation in der Deutschen Nationalbibliografie; detaillierte bibliografische Daten sind im Internet über http://www.d-nb.de abrufbar.

Coverfoto: AdobeStock/Brazhyk

www.idw-verlag.de

Vorwort zur 3. Auflage

Das alternative WP Handbuch ergänzt das bewährte und hoch angesehene WP Handbuch. Es schildert jene Licht- und Schattenseiten der Wirtschaftsprüfung, die dort aus ehrenwerten Gründen nicht oder nur einseitig behandelt werden. Zu den vernachlässigten Themen gehören z.B. Ausführungen über den Wirtschaftsprüfer in biologischer Sicht, über den obskuren Managementbetrieb in zu prüfenden Unternehmen oder über Umfang und Tiefe der unentbehrlichen Fachliteratur.

Etwaige Ähnlichkeiten mit lebenden Personen und Unternehmen sind nicht zufällig. Ohne die vielen Vorbilder hätte die Wirklichkeit nur unvollständig abgebildet werden können. Den in Rede stehenden Personen und Unternehmen, deren Nennung Schweigepflicht, Raumgründe und Vermeidung von Fehlschlüssen verbieten, ist der Verfasser zu besonderem Dank verpflichtet.

Im Interesse der Lesefreude hat der Verfasser krampflos das generische Maskulinum verwendet und auf die Genderung der Sprache verzichtet. Die Bezeichnung „Wirtschaftsprüfer" bezieht sich dementsprechend auch auf Wirtschaftsprüferinnen.

Obwohl die Fachliteratur schonungslos ausgewertet wurde, ist der Umfang des alternativen WP Handbuches so gehalten, dass es trotz seines schwerwiegenden Inhalts leichter ist als das originale WP Handbuch und auf Reisen im Handgepäck mitgeführt werden kann. Es eignet sich daher als ambulantes Nachschlagewerk für alle Themenkreise, die den Wirtschaftsprüfer angenehm oder unangenehm berühren.

Das alternative WP Handbuch wendet sich nicht nur an Wirtschaftsprüfer und ihre Mitarbeiter, sondern auch an alle Sympathisanten und Kritiker dieser achtbaren Zunft. Der Leser erfährt, was ein Wirtschaftsprüfer tun und lassen muss. Er wird erkennen, dass Wirtschaftsprüfer eine der attraktivsten Tätigkeiten ausüben, die in der freien und sozialen Marktwirtschaft geboten werden.

Leser, die nicht Wirtschaftsprüfer sind, werden nach der Lektüre des Buches Wirtschaftsprüfer werden wollen oder bedauern, dass sie wegen fortgeschrittenen Alters oder wegen anderer Bindungen nicht Wirtschaftsprüfer werden können.

Winterhude, im September 2021 Sebastian Hakelmacher

Inhaltsverzeichnis

Kapitel A

DAS PHÄNOMEN DER WIRTSCHAFTSPRÜFER

1 Der Wirtschaftsprüfer in biologischer Sicht

1.1 Natürliches Dasein

1.1.1 Entdeckung und Auftreten der Wirtschaftsprüfer

Die Wirtschaftsprüfer (oft respektlos kurz als „WP" bezeichnet) tauchten erstmals 1931 in Deutschland auf[1], als man nach Revisoren für Aktiengesellschaften suchte. Achtsame Wildhüter[2] beobachteten ihr plötzliches Auftreten in der Bilanzwäldern von Germanien und klassifizierten sie als Kreaturen des Holozän.

Die breite Öffentlichkeit hat die zunächst kleine **Population** der Wirtschaftsprüfer kaum wahrgenommen. Auch die Wissenschaft nahm von ihr nur zögernd Kenntnis. Immerhin erkannten interessierte Naturforscher schon bald eine bemerkenswerte Überlebenstaktik der Wirtschaftsprüfer. Unmittelbar nach erlangter WP-Reife gliederten die Wirtschaftsprüfer frisch gebackene Betriebswirte und Juristen sowie erfahrene Buchexperten in ihre Herde ein, die sie als Leittiere anführten. Dieses Leitwesen unterdrückte offenbar ihren natürlichen Vermehrungsdrang, denn erst seit den Siebzigerjahren des letzten Jahrhunderts konnten nennenswerte Fortpflanzungserfolge registriert werden.

Die **Aufzucht** von Wirtschaftsprüfern stellte sich als außerordentlich langwierig heraus. Die WP-Reife wurde frühestens im Alter von 30 Jahren, nach einem abgeschlossenen Hochschulstudium und nach einer mindestens sechsjährigen Berufspraxis erreicht. Erst in der zweiten Hälfte des 20. Jahrhunderts konnten die Bestände an Wirtschaftsprüfern durch künstliche Befruchtung in Form von erleichterten Übergangsprüfungen für Rechtsanwälte, vereidigte Buchprüfer und Steuerberater nennenswert vergrößert werden.

Die im ausgehenden 20. Jahrhundert zunehmende Bedrohung durch verwandte Arten, wie Finanz- und Wirtschaftsberater, hat den Fort-

1 Verordnung des Reichspräsidenten über Aktienrecht, Bankenaufsicht und über eine Steueramnestie vom 19.9.1931, RGBl I, S. 493.

2 Nachzulesen bei *Jennewein*, Notizen von der Pirsch nördlich der Alpen, München 1934.

pflanzungstrieb der Wirtschaftsprüfer schließlich stärker aufkeimen lassen. Im Wege der Evolution entwickelten sich wesentlich kürzere Tragzeiten, sodass sich die Wirtschaftsprüfer in jüngster Zeit wundersam vermehrt haben. Gegenwärtig wird ihre Population auf knapp 15.000 gefechtsreife Exemplare geschätzt.

Im Schutz immer größer werdender Prüferherden und dank deren straffen sozialen Ordnung konnten sich die Wirtschaftsprüfer erheblich vermehren. Die Prüferrudel bestehen in der Regel aus zwei und mehr Hochschulabgängern, die von einem ausgewachsenen Wirtschaftsprüfer durch das Dickicht der Rechnungslegung geleitet werden.

Die **biologische Einordnung** der Wirtschaftsprüfer ist bis heute nicht abschließend geklärt[3]. Nach herrschender Lehre werden die Wirtschaftsprüfer zu den Primaten gerechnet[4]. Als dominierende Spezies wurden ursprünglich die Abschlussprüfer ausgemacht, die nach dem 2. Weltkrieg zunehmend von beratenden Artgenossen unterwandert wurden. Die moderne WP-Forschung betrachtet die Wirtschaftsprüfer als eine komplexe Kreuzung aus

- Betriebswirten, die das Gesellschaftsrecht goutieren,
- Juristen, die an Zahlen Gefallen finden, und
- Ingenieuren, die kaufmännische Rechenfehler tolerieren[5].

Lange Zeit suchte man vergeblich nach Wirtschaftsprüfern weiblichen Geschlechts, sodass ernste Zweifel an ihrer natürlichen Fortpflanzung auftauchten. Verstärkt wurde dieser Verdacht durch wiederholte Andeutungen gestresster Wirtschaftsprüfer, dass sie beim Anblick bilanz- oder steuerrechtlicher Vorschriften oft nicht wüssten, ob sie Männlein oder Weiblein sind. Die darauf beruhende Vermutung einer bisher unbekannten Art der Selbstbefruchtung erwies sich jedoch als wissen-

3 Siehe dazu *Brehmser*, Klassifizierung und Artenvielfalt – Herausforderung und Aufgabe der modernen Biologie, 3 Bände, 2. Auflage, München 2006; Band II S. 648 ff.
4 *Blunzmann*, Genetik und Evolution bei den Primaten, 2. Auflage Heidelberg 1998 m. w. N.
5 *Gluckser*, Wirtschaftsprüfer sind Klasse – wissenschaftliche Streitschrift zur Einstufung der Wirtschaftsprüfer, Hamburg 1969 m.w.N.; *Frostmann*, Wirtschaftsprüfer sind auch nur Menschen, Volksdorfer Tagblatt v. 29. 2. 2006, S. 4.

schaftliche Sackgasse, weil Stichproben zeigten, dass Wirtschaftsprüfer allein wenig Fruchtbares hervorbringen[6].

1.1.2 Die natürliche Umgebung

Die ursprüngliche Heimat der Wirtschaftsprüfer ist die karge und wilde **Landschaft der Rechnungslegung**[7]. Sie ist gekennzeichnet durch hochragende zerklüftete Bilanzberge, die meist von den Wolken des Bilanzlateins eingehüllt sind, und durch die abgrundtiefen Schluchten der Erfolgsrechnung, die finster und schwer zugänglich sind. Die typischen Anhänge sind mit einem Geflecht von verkrüppelten Erläuterungen bedeckt. Die schroffen Felsen der Bilanzposten wirken bizarr und lassen kaum die unterirdischen Finanzquellen erahnen, die überraschend hier und da sprudelnd ans Licht treten und manchmal zu mächtigen Kapitalflussrechnungen anschwellen.

Die **Ur-Einwohner** der Rechnungslegungslandschaft, die man gemeinhin als Rechnungsleger bezeichnet, leben von der Jagd nach dem legendären Shareholder Value, den sie durch das Aufstellen von Bilanzen fangen wollen. Die Bilanzaufsteller[8] ernähren sich vor allem von dem Käse, den sie aus der Fermentation bilanzieller Wahlrechte und vermeintlicher Ermessensspielräume gewinnen. Ihre Oberhäupter werden Topmanager genannt. Diese gerieren sich als furchtlos und risikofreudig, scheuen aber hohe Abschreibungen und Rückstellungen.

Die zunehmende Erwärmung der Rechnungsleger für die internationalen Rechnungslegungsgrundsätze ließ in den letzten Jahren das ewige Eis der Reservegletscher abschmelzen und gefährdet zunehmend das natürliche Gleichgewicht von klaren Vorschriften und Aussagearmut der Jahresabschlüsse. Noch verhallen die Warnungen klimabewusster Rechnungsleger ungehört, sodass die von ehrgeizigen Topmanagern ausgelösten Katastrophen weiterhin heranreifen können.

---

6 So schon *Grabowsky*, Die Unfruchtbarkeit der Wirtschaftsprüfer, Düsseldorf 1968. Siehe auch *Frosch/Blassmann*, Der Wirtschaftsprüfer als Gegenstand wissenschaftlicher Spekulation, Hamburg 1989.

7 *Baedeker-Neumann*, Reise in ein wildes Land, 14. Auflage, München 2005. Sehr ausführlich: *Buttermann*, Die Rechnungslegungslandschaft und ihre Bewohner, Düsseldorf 1998.

8 *Erbsenzähler*, Vom Fallen- zum Bilanzaufsteller, Berlin 1991, S. 22.

Von Zeit zu Zeit durchstreifen fiskalisch abgebrühte Finanzprüfer als Wilderer das unwegsame Terrain der Rechnungslegung[9]. Sie stehlen den Bilanzaufstellern nicht nur die Zeit, sondern rauben ihnen auch den Verstand. Sie verlangen den Zehnten als Beute und meinen damit mindestens zwei Drittel der gesamten Habe der Arbeitgeber der Bilanzaufsteller und drängen sie so in die Armut oder zur Steuerflucht. Darüber hinaus fordern sie zusätzliche Abgaben als Solidaritätsbeitrag, Ökosteuer u.ä.

Zum Glück gibt es genügend revierstarke Wirtschaftsprüfer, die in dem Geröll der Rechnungslegung begehbare **Bilanzwege** finden. Die mutigen Einzelgänger können sich schwindelfrei auf dem schmalen Grat ordnungsmäßiger Buchführung bewegen und fürchten sich nicht vor den Lawinen des Bilanzsteuerrechts, die immer wieder gangbare Straßen verschütten.

Markierte Wege gibt es in der Rechnungslegungslandschaft kaum, da die Stürme eigensinniger Managemententscheidungen, die Flut der Rechnungslegungsvorschriften und die Eruptionen unzureichender Managerüberwachung das Bilanzterrain unpassierbar machen. Die unsystematisch angebrachten Prüfungszeichen der Wirtschaftsprüfer sind für den zivilen Rechnungsleger mehr verwirrend, denn richtungsweisend. Selbst der Kompass der Grundsätze ordnungsmäßiger Buchführung (Kapitel C 1.1) erweist sich wegen der starken Magnetfelder der Bilanzpolitik als unzuverlässig. Nur erprobte Seilschaften können hier dauerhaft überleben.

Daher ist der Tourismus in der unwirtlichen Gegend völlig unterentwickelt. Selbst Gewerkschaftler, die überall mitbestimmen wollen, setzen nur zögernd ihren Fuß in dieses Gefilde. Umso strahlender brillieren Hochschullehrer und Journalisten durch faszinierende Reisebeschreibungen, obwohl sie die Region noch nie betreten haben. Ihre Fantasie wird von den in der Ferne gleißenden Kuppen der internationalen Rechnungslegung und von den erlöschenden Vulkanen des Gläubigerschutzes angestachelt.

[9] *Nimbus*, Wegelagerei in der Bilanzregion, Bonn 1982.

Die für die Rechnungslegung der Unternehmen hauptverantwortlichen Topmanager schicken ihre speziell ausgebildeten Mitarbeiter als Wegbereiter vor und begutachten anschließend die mitgebrachten Landschaftsbilder. Ihre auf Sicht ratenden Aufpasser (kurz Aufsichtsräte) dürfen auf dem Marsch zur Hauptversammlung die mysteriöse Bilanzwelt nicht umgehen. Ihnen stehen die Abschlussprüfer als Sherpas zur Seite. Dennoch bleiben sie aus Furcht vor der sauerstoffarmen Luft der Rechnungslegung meist in ihren Schutzhütten und begnügen sich mit den Abenteuerberichten der Abschlussprüfer.

1.1.3 Das Treiben in freier Wildbahn

Lange Zeit hielt man die Wirtschaftsprüfer für Nomaden, die auf der Suche nach Brot und Arbeit von einem Unternehmen zum nächsten ziehen. Inzwischen gelten sie in vielen Unternehmen als domestiziert. Radikale WP-Schützer halten den Ur-Wirtschaftsprüfer deshalb für eine bedrohte Art[10]. Sie fordern bei Abschlussprüfungen einen regelmäßigen Prüferwechsel, bei dem die durch längere Mandatsdauer zermürbten Prüfer vertrieben und ausgewildert werden. Ersetzt werden sie durch fremdelnde Wirtschaftsprüfer mit Biss.

Heutzutage trifft man Wirtschaftsprüfer nicht nur in dem Gebiet der Rechnungslegung. In den letzten Jahren haben sie sich **neue Lebensräume** erobert, sodass man sie heute nicht nur im Dickicht der Abschlussprüfung und im Urwald der Steuerhilfe, sondern auch auf den endlosen Ebenen der Unternehmensberatung findet. Kein wirtschaftlich angehauchtes Tätigkeitsfeld ist heute vor den Wirtschaftsprüfern sicher (Kapitel 2.3).

Wie andere Dienstleistende grasen die Wirtschaftsprüfer dort, wo es etwas zu grasen gibt. Sie sind ihrer universellen Ausbildung gemäß Allesfresser. Man trifft sie sowohl wiederkäuend auf den Grasmatten der internationalen Rechnungslegungsstandards als auch nach Belegen hetzend in den Tälern der Buchhaltung. Einzelgänger findet man sogar auf dem Gipfel betriebswirtschaftlicher Begutachtung.

10 *Fröstel*, Wo soll das enden?, München 2000.

In zunehmendem Ausmaß springt die Elite der Wirtschaftsprüfer über die nationalen Weidezäune und äst oder jagt mit ausländischen Artgenossen auf internationalen Feldern und Auen. Dabei kann es nicht ausbleiben, dass sich die unterschiedlichen Arten mischen und neuartige Kreuzungen die Artenvielfalt der Wirtschaftsprüfer erhöhen.

Manche Anzeichen sprechen dafür, dass die Erkenntniswerkzeuge der Mischlinge der harten Wirklichkeit besser angepasst sind, weil sie an das schwüle Klima der angloamerikanischen Rechnungslegungsstandards gewöhnt sind und eher mit irrationalen Normen zurechtkommen als der durch Frische und Klarheit verwöhnte nordische Wirtschaftsprüfer. Inzwischen öffnen sich auch Osteuropa und Asien mit landestypischem Gleichmut der Flut der internationalen Rechnungslegungsgrundsätze.

Aufschlussreich ist es, die Wirtschaftsprüfer im **Jahresverlauf** zu beobachten. Wirtschaftsprüfer sind winteraktiv. Ihre Hauptjagdzeit liegt zwischen Allerheiligen und Ostern[11]. In der Schonzeit zwischen Johanni und Mariä Himmelfahrt ziehen sie sich weitgehend auf die Steuer- und sonstige Unternehmensberatung zurück, richten ihr zerrupftes GoB-Verständnis[12] her und widmen sich intensiv ihrer Nachkommenschaft. Die Hauptgebärzeit für Wirtschaftsprüfer liegt in der 5. Jahreszeit[13], was von vielen Kennern als bemerkenswert angesehen wird, weil es manche Eigenarten der Wirtschaftsprüfer erklärt.

1.2 Sinn und Sinne

Selbst Experten, die noch nie einen Jahresabschluss gelesen haben, konzedieren bereitwillig, dass Wirtschaftsprüfer als Abschlussprüfer ihren Sinn haben. Die Sinnesorgane der Wirtschaftsprüfer sind allerdings unterschiedlich stark entwickelt[14].

---

11 Die Behauptung, dass es deshalb unter den Wirtschaftsprüfern mehr Radfahrer als Skifahrer gibt, entbehrt zwar nicht einer gewissen Logik, führt aber zu falschen Assoziationen.

12 GoB = Grundsätze ordnungsmäßiger Buchführung; siehe Kapitel C I.1.

13 In dieser fruchtbaren Zeit erscheinen auch die wegweisenden Fachaufsätze des Autors.

14 Die fundamentalen Erkenntnisse gehen zurück auf *Nieser*, Sinn und Sinne der Wirtschaftsprüfer – Langzeittests und Feldversuche in den 70er und 80er Jahren, Köln 1995.

Am stärksten ist bei den Wirtschaftsprüfern das **Riechorgan** ausgebildet, weil sie von Berufs wegen ihre Nasen in fremde Angelegenheiten stecken. Bei domestizierten Wirtschaftsprüfern konnten allerdings bedenkliche Riechschwächen bemerkt werden, die vermutlich auf eine zu starke Gewöhnung an den Stallgeruch des Mandanten zurückzuführen sind. Die einschlägigen Zuchtverbände fordern daher mehr Freigehege, strengere Abstandsregeln und regelmäßigen Austausch der Prüfer. Im Übrigen sollen resistente Neuzüchtigungen[15] und konsequente Dressur dem unerwünschten Trend entgegenwirken.

Mit seinen feinen **Geschmacksnerven** testet der Wirtschaftsprüfer die Bilanzpolitik des Mandanten, bevor er sie schluckt. Zum Erhalt des Mandats ist der Wirtschaftsprüfer auch bitterer Kost nicht abgeneigt und verweigert sich nicht schwer verdaulicher Nahrung. Gegen die Giftstoffe der Bilanzfälschung scheint der Wirtschaftsprüfer weitgehend immun zu sein.

Von der **Hörkraf**t der Wirtschaftsprüfer herrschen unter Laien sagenhafte Vorstellungen[16]. Der Wirtschaftsprüfer soll sogar hören können, wenn Gras über Fehlentscheidungen des Managements wächst. Dieses erstaunliche Gehör konnte bisher nicht näher erforscht werden, weil Wirtschaftsprüfer bei der Annäherung Dritter zu schnell die Ohren anlegen.

Die **Sehstärke** der Wirtschaftsprüfer ist durch das ständige Nachschlagen in Gesetz- und Kommentartexten sowie durch die mühsame Entzifferung von Belegen und Nachweisen getrübt. Als Nachseher fällt es den Wirtschaftsprüfern schwer, Dinge im Voraus zu erkennen, z.B. eine Existenz bedrohende Entwicklung des Unternehmens, bei der die Gläubiger das Nachsehen haben.

Infolge der ihnen auferlegten Schweigepflicht ist das **Mundwerkzeug** der Wirtschaftsprüfer unterentwickelt. Unter ihresgleichen verständigen sie sich durch geheimnisvolle Prüfungszeichen. Diese Runen konn-

15 *Hakelmacher*, Schwellenängste der Wirtschaftsprüfer, WPg 2000, S. 215 f.
16 Siehe auch *Leisetreter*, Hören und Sehen der Vergehen, Hamburg 1982.

ten inzwischen von Außenstehenden zu einem großen Teil entschlüsselt werden[17]. Man weiß daher, dass sie wenig besagen.

Als Abschlussprüfer geben Wirtschaftsprüfer selbst bei kritischen Situationen nur verhalten Laut, sodass sie als verschlossen und unsensibel angesehen werden[18]. Unbarmherzige Kritiker werfen ihnen sogar vor, dass sie zu wenig Biss haben, um bedrohliche Ein- oder Ausfälle der Topmanager des Unternehmens ans Licht zu zerren.

Im Zusammenhang mit nicht oder zu spät aufgedeckten Bilanzdelikten ist die Frage aufgetaucht, ob der Wirtschaftsprüfer nur ein beschränktes **Wahrnehmungsvermögen** besitzt. Voreingenommene Kritiker vermuten Wahrnehmungsmängel bei Tatbeständen, die bei der testatorientierten Abwicklung der Abschlussprüfung stören können.

In Anbetracht der knappen Zeit, die für die Durchführung der Abschlussprüfung zugebilligt wird, muss dem Abschlussprüfer ein selektiver Wahrnehmungswille zugestanden werden, der sehr wohl vom Wahrnehmungsvermögen zu unterscheiden ist. Da die Abschlussprüfung weitgehend nur in Stichproben erfolgen kann, ist die selektive Wahrnehmung des Prüfers systemimmanent. Die breite Öffentlichkeit übersieht diese Tatsache und erwartet, dass der Abschlussprüfer jeden Fehltritt der Rechnungsleger erkennt. Daraus ist die so genannte Erwartungslücke entstanden.

Auf der anderen Seite sehen viele Mandanten in der begrenzten Wahrnehmung des Abschlussprüfers etwas Menschliches, weil sie eine humane Schwäche darstellt. Auch andere angesehene Zünfte überleben nur durch selektive Wahrnehmung. Ein unternehmensnahes Beispiel ist der Aufsichtsrat.

17 *Knörrich*, Von den Runen zum Prüfungshaken, Köln 1987; sehr viel eingehender Ergänzungsband IV, Köln 1993.

18 *Meinheimer*, Schweigsamkeit und Schweigepflicht – Wesen, unterschiede und Abhängigkeiten. Diss. Hamburg 1997.

1.3 Die Ernährung[19]

1.3.1 Feste Nahrung

Wirtschaftsprüfer, die von einer Abschlussprüfung zur nächsten eilen oder auswärtige Beratungsleistungen unter Termindruck erbringen, neigen zu hastiger Nahrungsaufnahme und zu schnellem Verzehr zugänglicher Kantinenkost oder abgepackter **Fastfood**-Produkte. Sie bedürfen entsprechender Diäten am Wochenende, um ihre Magenbeschwerden zu kurieren oder wenigsten abzumildern. Umso dankbarer sind sie für die wenigen Gelegenheiten zu ruhigen und festlichen Mahlzeiten. Vielfach wird die Schlussbesprechung des Abschlussprüfers mit dem Vorstand durch ein Gourmetessen abgeschlossen, was der Bissigkeit der Abschlussprüfung eine versöhnliche Note verleiht.

Im Übrigen leben Wirtschaftsprüfer hauptsächlich von **geistiger Nahrung**, deren Grundlage das schwer verdauliche Bilanzrecht bildet. Zur Vitaminisierung wurde schon im letzten Jahrhundert der ADS[20] beigemischt, und zwar von Auflage zu Auflage in größerer Dosis. Seit 1987 werden zusätzliche voluminöse Bilanzkommentare beigegeben, um das Futter schlackenreicher zu machen.

Der Versuch des KonTraG von 1998, mit Enzymen in Form von Deutschen Rechnungslegungsstandards (DRS) die Verdauung der Rechnungslegungskomplexe zu erleichtern, hatte nur bedingten Erfolg. Die zunehmende Dosis der täglich einzunehmenden Dosen internationaler Rechnungslegungsstandards rufen nach wie vor heftige Schluckbeschwerden hervor[21].

Häufig leiden Wirtschaftsprüfer an Magengeschwüren, die durch fiskalische Erreger verursacht werden, die gegen die Grundsätze ordnungsmäßiger Buchführung immun sind und die wirtschaftliche Vernunft angreifen. Immerhin finden sich seit 2019 keine steuerlich begründeten

---

[19] *Oetker*, Prüfungsgerichte und –diäten in unserer Zeit; Nährwert und neue Rezepte, Bielefeld 1999.

[20] *Adler-Düring-Schmaltz*, Rechnungslegung und Prüfung der Unternehmen, 6. Auflage, Stuttgart 1997. 1. Auflage 1938.

[21] *Bäuerchen*, Was der Abschlussprüfer alles schlucken muss, in: *Kaludrigkeit* (Hrsg.), Wundschau der Revision, München 1998, S. 762 ff.

Wertansätze mehr in den Handelsbilanzen, die immer noch die wichtigste Nahrungsquelle der Wirtschaftsprüfer sind.

Die EU-Bilanzrichtlinie von 2013 gestaltete das Menü der Abschlussprüfer etwas übersichtlicher. Die erwarteten Erleichterungen wurden aber durch spätere Zugaben wie die nichtfinanzielle Berichterstattung oder der Vergütungsbericht wieder zunichte gemacht (Kapitel C 3). Außerdem verursachen die ausufernden internationalen Rechnungslegungsnormen, die kapitalmarktorientierten Unternehmen und deren Abschlussprüfern verordnet sind, immer mehr Bauchgrimmen. Die Folge sind oft Rechnungslegungskrämpfe, gegen die bisher keine wirksame Arznei gefunden wurde.

1.3.2 Trinkgewohnheiten

Auch für die als trockene Typen angesehenen Wirtschaftsprüfer ist flüssige Nahrung natürlich und notwendig. Bis heute ist es üblich, dass das geprüfte Unternehmen dem Abschlussprüfer, vermutlich als Stimulans für seine ermüdende Prüfungstätigkeit, in nahezu unbegrenzter Menge **Kaffee** anbietet. Der „*Coffee to go*" wird zum „*Coffee to work*". Nach herrschender Ansicht verliert der Abschlussprüfer durch die kostenlose Zuwendung von angemessenen Mengen Kaffee nicht seine Unbefangenheit und kritische Grundhaltung. Auch die Entgegennahme einer Gratistasse Tee (ohne Rum!) oder eine bescheidene Zugabe von Mineralwasser gilt als unbedenklich.

Problematisch erscheint eine regelmäßige und kostenlose Darreichung von alkoholischen Getränken. Dabei sind jedoch regionale Eigenarten zu beachten. In Niederbayern gilt Bier als Grundnahrungsmittel und wird somit nicht als alkoholisches Getränk klassifiziert. In Nordfriesland gilt dasselbe für den Rum, wenn ihm Tee oder Kakao beigemischt wird.

Die **Getränkeproblematik** ist also sehr differenziert zu beurteilen, zumal die Trinkgewohnheiten und Getränkeangebote regional unterschiedlich sind und sich modisch bedingt verändern. Heute trifft man kaum noch Spaziergänger an, die keinen Plastikbecher in der Hand halten, um ihn nach der Leerung am Wegesrand zu entsorgen. Naturfreunde setzen in aller Öffentlichkeit die Flasche mit Energiespendern an den Mund, bevor sie das Leergut in freier Natur abstellen. Daher muss dem Trinkerumfeld, in dem sich der Wirtschaftsprüfer beruflich bewegt, wohlwollende Beachtung geschenkt werden.

Auch ohne Bier ist der Wirtschaftsprüfer in der Regel bierernst. Selbst leicht alkoholisiert erweckt er den Eindruck eines nüchternen Zahlenmenschen. Insofern ist es frivol, den Wirtschaftsprüfer gedanklich mit Alkohol in Verbindung zu bringen. Selbst dem Abschlussprüfer einer Brauerei oder einer Schnapsbrennerei traut man keinen nennenswerten Alkoholkonsum zu. In der Boulevardpresse finden sich keine Schlagzeilen über Alkoholmissbrauch durch Wirtschaftsprüfer.

Auf der anderen Seite erwarten kultivierte Genussmenschen, die es zum gesetzlichen Vertreter von größeren Unternehmen gebracht haben, dass der distinguierte Abschlussprüfer beim Umtrunk nach der Schlussbesprechung mit dem Vorstand oder nach der Bilanzsitzung des Aufsichtsrats einen guten Tropfen Wein zu schätzen weiß. Die damit verbundene gesittete Auflockerung kann mandatsverlängernd oder honorarfördernd wirken.

Die zur gehobenen Unterhaltung erforderlichen **Weinkenntnisse** lassen sich allerdings – im Gegensatz zum Setzen von Rechnungslegungsstandards – nicht durch theoretische Trockenübungen, sondern nur durch regelmäßig praktiziertes Geschmackstraining erwerben.

Dem guten Ruf des Weines ist es zu verdanken, dass renommierte Wirtschaftsprüfungsgesellschaften nicht nur wegen ihrer fachlichen Qualität, sondern auch wegen ihres exzellent bestückten Weinkellers gerühmt werden. Die jährliche Weinprobe, die den Vorstandsmitgliedern oder ausgewählten Partnern vorbehalten ist, ist genauso selbstverständlich wie das Kopfschütteln der Verständigen über die internationalen Rechnungslegungsstandards.

Trunkenheit bei der Testat-Erteilung konnte nach öffentlich zugänglichen Quellen bisher nicht nachgewiesen werden. Von der Berufsaufsicht (Wirtschaftsprüferkammer und Abschlussprüferaufsichtsstelle) war kein statistisches Material zu bekommen, das in diesem Zusammenhang hätte aufklärend ausgewertet werden können.

Abschließend stellt sich die Frage, was den Wirtschaftsprüfer zum Alkohol treiben könnte. Generell ist davon auszugehen, dass der Abschlussprüfer bei seiner Berufsausübung häufig kalte Füße bekommt. Da ist es naheliegend, sich durch einen kräftigen Schluck Schnaps aufzuwärmen. Zur Abgrenzung dieser lebenserhaltenden Maßnahme von der Alkoholsucht fehlt es an klaren Richtlinien der Aufsichtsstellen.

Die Dringlichkeit solcher Leitlinien ergibt sich aus der Tatsache, dass die Unbeständigkeit und die fehlende Systematik der internationalen Rechnungslegungsnormen ein naheliegender Anlass sind, der den Wirtschaftsprüfer zur Flasche greifen lässt. Auch die jüngst verschärften Auflagen für die Abschlussprüfung bei Unternehmen von öffentlichem Interesse (Kapitel D 2.2)[22] könnten den bedrückten Abschlussprüfer verführen, Trost bei alkoholischen Getränken zu suchen.

Anlässe zum verschärften Alkoholkonsum gibt es für den Wirtschaftsprüfer also genug. Dass es dennoch nicht zu alkoholischen Exzessen gekommen ist, muss dem Berufsstand hoch angerechnet werden. Es ist der beste Beweis für die sagenhafte Nüchternheit der Wirtschaftsprüfer.

1.4 Soziales Leben

1.4.1 Wunsch und Wirklichkeit

Trotz der Wunschvorstellung, dass der Wirtschaftsprüfer scharfsichtig wie ein Falke, wachsam wie eine Gans und in Bezug auf kritische Entwicklungen des geprüften Unternehmens geschwätzig wie eine Elster sowie innerlich gefügt wie ein Betonpfahl sein möge, muss man den Wirtschaftsprüfer in erster Linie als **Mensch** mit spezifischen Leiden und Leidenschaften verstehen.

Im Hinblick auf die oft unverständlichen beruflichen Äußerungen muss man dem Wirtschaftsprüfer seinen hohen Ausbildungsgrad zugutehalten. 86,8 % der Wirtschaftsprüfer haben promoviert oder an eine Promotion gedacht. Die hohe Quote macht deutlich, dass den Wirtschaftsprüfern schon als **Akademiker** einfache Formulierungen versagt sind. Das wird durch den Gebrauch unerklärlicher Fachausdrücke der Rechnungslegung noch verstärkt.

[22] Finanzmarktintegritätsstärkungsgesetz (FISG) vom 3. Juni 2021, BGBL I S. 1534 ff.

Ein weiteres Charakteristikum der Wirtschaftsprüfer ist, dass sie ihre Tätigkeit zu einem großen Teil im Umherziehen ausüben[23]. Das Nomadentum erschwert normale gesellschaftliche Kontakte. Viele Wirtschaftsprüfer finden nicht einmal Gelegenheit, zu sich selbst zu kommen. Oft werden sie mit ihrer Meinung allein gelassen, an die sie sich pflichtschuldigst klammern bis sie nachgeben.

Der Wirtschaftsprüfer vollbringt seine brillanten Leistungen nicht im Lärm von Fachkongressen und medienwirksamen Auftritten in der Öffentlichkeit, sondern in der Stille der meist spartanisch eingerichteten Prüferstube[24]. Er schätzt die kontemplative Zweisamkeit mit einem Bilanzkommentar mehr als die laute Geselligkeit internationaler Tagungen. Das macht ihn zwar kommunikativ unterlegen, kommt aber seiner fachlichen Kompetenz zugute.

Die **klaustrophilen Neigungen** des Wirtschaftsprüfers dürfen nicht als krankhafte Furcht vor allen Vorgängen der Außenwelt (Panphobie) diagnostiziert werden. Wirtschaftsprüfer, die bei Fußballspielen und bei ähnlichen Open-Air-Großveranstaltungen gesichtet wurden, sprechen da eine deutliche Sprache und beweisen das Gegenteil. Als weiterer Beweis berufsverträglicher Ausgelassenheit im Kreis normaler Menschen sei erwähnt, dass WP H. und sein Assistent S. anonym, aber regelmäßig und zünftig entkleidet an der Love-Parade in Berlin teilnehmen.

Der Gesetzgeber hat den Wirtschaftsprüfer in seiner Hauptfunktion als Abschlussprüfer zur Einsamkeit verurteilt, um seine Unabhängigkeit, Neutralität und Unbefangenheit zu sichern. Die Klaustrophilie des Wirtschaftsprüfers ist Ausdruck seiner beruflichen Ernsthaftigkeit und Sorgfalt.

Damit die emotionalen Bindungen, die ein enger Kontakt zum Mandanten auslösen kann, nicht zu eheähnlichen Unarten führen, muss der Abschlussprüfer von Unternehmen von öffentlichem Interesse (Kapitel 2.5.3)

23 Interessante Aspekte finden sich bei *Hornbostel*, Die Wanderameise und verwandte Arten, Frankfurt 1956.

24 Hartnäckig hält sich das Gerücht, dass die karge Einrichtung verhindern soll, dass sich Wirtschaftsprüfer beim Mandanten wohl fühlen und ihre Verweildauer zu lange ausdehnen. *Kruxeneder*, Der unbehauste Abschlussprüfer – Beispiele aus Niederbayern, Regensburg 1984.

spätestens nach zehn Jahren ausgetauscht werden. Verantwortliche Prüfungsleiter müssen nach sieben Jahren ausgewechselt werden.

Da sich Wirtschaftsprüfer für unersetzlich halten, dürfte dieser gesetzlich erzwungene Wechsel für sie nicht ohne Schäden an Leib und Seele bleiben. Die sog. **Rotation der Abschlussprüfer** bedeutet den Verzicht auf das vertraute soziale Umfeld und auf die gewohnte Kasinokost, verbunden mit der Ungewissheit, welche Unannehmlichkeiten sein neues Mandat bereithält.

Wie aus eingeweihten Kreisen durchgesickert ist, will das Institut der Wirtschaftsprüfer lokale Selbsthilfegruppen initiieren, damit Abschlussprüfer, die in die Wechseljahre kommen, mit möglichen Hormonstörungen und Depressionen konstruktiv umzugehen lernen. Die Aussichten auf geeignete Medikamente zur Bekämpfung der Symptome, die in den nächsten fünf bis zehn Jahren auf den Markt kommen, werden von Optimisten als aussichtsreich beurteilt[25].

1.4.2 Liebes- und Familienleben

Lange hat der Autor überlegt, ob in diesem seriösen Buch das Liebesleben des Wirtschaftsprüfers angesprochen werden darf und wie das berufswürdig geschehen kann. Da die Fachliteratur in dieser Hinsicht schweigt, wagt er beherzt den nachfolgenden Versuch.

Über das Liebesleben der Wirtschaftsprüfer ist offiziell nichts bekannt. Dennoch soll es das geben. Obwohl kein Wirtschaftsprüfer der Teilnahme an Sexskandalen öffentlich überführt worden ist, lautet die **Arbeitshypothese**, dass auch Wirtschaftsprüfer ein Liebesleben haben. Ein wesentliches Indiz ist die mehrfache Beobachtung von Kindern verschiedenen Geschlechts, deren Gesichtszüge wie aus dem Gesicht real existierender Wirtschaftsprüfer und Wirtschaftsprüferinnen geschnitten sind. Die Möglichkeit einer Mutter- oder Vaterschaft von Wirtschaftsprüfer*innen ist daher über jeden Zweifel erhaben. Der wissenschaftliche Nachweis gelang bisher nur in Einzelfällen, weil Wirtschaftsprüfer für DNA-Tests keine Zeit haben[26].

---

[25] Vgl. *Seelenmeier*, Die laue Pille, Medizinisches Knochenblatt 1999, Heft 23, S.12 ff.; *Schmulewitz*, Tranquilizer für Bosse, Psychotherapeutische Wundschau, 2000, Heft 1, S. 16 ff.

[26] Interessante Hinweise finden sich *Bohringer*, Primus inter Patres, Paderborn 1981.

An dieser Stelle ist eine Bemerkung zur **sprachlichen Genderung** überfällig. In diesem Buch werden die üblichen männlichen Bezeichnungen ohne Ergänzungen von *innen oder *außen verwendet, damit beim Vorlesen nicht der Glottisschlag oder Stimmritzenverschlusslaut einen anhaltenden und sich verschlimmernden Schluckauf auslöst. Mit der Berufsbezeichnung „Wirtschaftsprüfer" sind auch die Wirtschaftsprüferinnen angesprochen. Auch Wirtschaftsprüfer anderen oder ungewissen Geschlechts sind gemeint. Die intelligenten Leser*innen werden das generische Maskulinum in seinem sachlichen Bezug erkennen.

Man darf auf Grund anderweitiger Erfahrungen[27] davon ausgehen, dass die **Berufspflichten** des Wirtschaftsprüfers sein Liebes- und Familienleben stark prägen. Dennoch ist die Behauptung, der Wirtschaftsprüfer sei in erster Linie mit seinem Beruf verheiratet, übertrieben. Auch Vertreter anderer Berufe unterliegen solchen aus Enttäuschung oder Provokation geäußerten Vorurteilen. Der Berufsangehörige leidet schon genug unter dem irrigen Vorwurf, dass sein Beruf familienfeindlich sei. In Wirklichkeit schätzt er die Familie als Zufluchts- und Erholungsort von seinen beruflichen Strapazen.

Schon früh wurde die **freie Wahl des Ehegatten** als entscheidendes Merkmal der für den Wirtschaftsprüfer typischen Unabhängigkeit gewürdigt[28]. Für Unbeteiligte bleibt allerdings offen, ob die Partnerwahl durch rasches Zupacken geschieht oder ob sie sich wegen ständiger örtlicher Abwesenheit des Abschlussprüfers über Jahre hin- und in großen zeitlichen Abständen vollzieht. Ebenso ist unbekannt, welchen Prüfungen der Wirtschaftsprüfer seine Auserwählte unterzieht oder wie und ob er selbst auf Ehetauglichkeit hinreichend geprüft wurde.

Ein „Anbandeln"[29] während der Berufsausübung ist bei der dem Wirtschaftsprüfer gebotenen Neutralität kaum problemfrei zu bewerkstelligen[30]. Heimliche Rendezvous mit der Chefbuchhalterin oder mit der

---

27 Vgl. u.a. *von Stackelberg*, Befruchtungsvorgänge bei Stachelbeeren und Stachelschweinen – ein Vergleich, Braunschweig 1976.

28 *Max-Kinsey*-Report, Aufzucht und Auslese der Wirtschaftsprüfer, Düsseldorf 1976.

29 Siehe dazu *Hintermoser*, Fensterln und andere Zudringlichkeiten zwischen den Geschlechtern in den Alpenländern, München 1964.

30 *Büxelmacher*, Der balzende Wirtschaftsprüfer, München 1998.

Sekretärin des Vorstandsvorsitzenden des geprüften Unternehmens kommen durchaus vor, wie schwer widerlegbare Indizien beweisen. Es überrascht, dass der Berufsangehörige in diesen Fällen einen gesunden Pragmatismus zu entwickeln vermag[31], um Berufs- und Privatleben pflichtgemäß zu trennen. Im Übrigen ist nicht belegt, dass solche Annäherungen zu einem nennenswerten Schaden für den Mandanten oder zu einer Schädigung des Ansehens des Wirtschaftsprüferberufs geführt haben.

Starke Anzeichen sprechen dafür, dass dem Wirtschaftsprüfer wegen berufsbedingter Abwesenheit für die **Paarung** nur das Wochenende bleibt, die man sich infolgedessen als kurz und heftig vorstellen darf. Es soll Wirtschaftsprüfer geben, die nach 12 Jahren Ehe praktisch noch in den Flitterwochen leben. Ehen mit Wirtschaftsprüfern halten im Allgemeinen lebenslänglich, weil die Probleme dauernder Zweisamkeit erst im hohen Alter auftreten und hier schon auf natürliche Weise gemildert werden, z. B. durch Schwerhörigkeit.

Wegen des berufsüblichen Außendienstes des Wirtschaftsprüfers obliegt die Kindererziehung in erster Linie der häuslichen Partnerin, was der Herzens- und Geistesbildung der Kinder in der Regel zugutekommt. Für den Wirtschaftsprüfer ist der Kontakt zu seinen Kindern nicht nur durch seine permanente Aushäusigkeit erschwert, sondern zusätzlich dadurch, dass er seinen Kindern nicht verständlich machen kann, dass das Testen von Wirtschaften und Kneipen nur einen kleinen Teil der Tätigkeiten eines Wirtschaftsprüfers ausmacht[32]. Hier ist frühzeitige Aufklärung notwendig, um das kindliche Misstrauen auf den rechten Weg zu bringen.

Misstrauen und Zurückhaltung, denen der Wirtschaftsprüfer aus berufsrechtlichen Gründen unterworfen ist, verfolgen ihn auch im **Privatleben**. Der Ehepartner muss insofern viel Nachsicht und Geduld

[31] *Knubbel* führt das auf eine nicht zu unterdrückende Triebhaftigkeit des liebeswerbenden Wirtschaftsprüfers zurück (Trieb und Antrieb als Motor zwischenmenschlicher Beziehungen bei sonst schüchternen Menschen, München 1982, S. 538).

[32] Volksschullehrer beklagen immer wieder die Unsicherheit von Wirtschaftsprüfer-Kindern, wenn diese nach dem Beruf ihres Vaters gefragt werden. Führende Pädagogen geben gleichzeitig zu, sich selbst vom Beruf des Wirtschaftsprüfers keine Vorstellungen machen zu können.

aufbringen. Insider meinen sogar, dass ohne eine gehörige Portion Humor das gemeinsame Leben mit einem Wirtschaftsprüfer nicht auszuhalten ist.

Wirtschaftsprüfer haben dennoch ehe- und familienfreundliche Seiten. Sie genießen die gemeinsamen Mahlzeiten mit der Familie und helfen manchmal beim Abwasch. Sie sind seit Berufsbeginn daran gewöhnt, ihre Koffer selbst zu packen und sie nur auf Urlaubsreisen von der Ehefrau tragen zu lassen. Ihr natürlicher Anstand verhindert, dass sie die bei mehrtägigen Dienstreisen anfallende Schmutzwäsche per Nachnahme nach Hause schicken.

Besondere Schwierigkeiten bereitet vielen Wirtschaftsprüfern der Eintritt in den **Ruhestand**[33], weil sie sich ein Leben ohne Dienstreisen und Ferntätigkeit nicht vorstellen können. Die Tatsache, dass für den freiberuflich tätigen Wirtschaftsprüfer kein Pensionierungsalter vorgeschrieben ist, wirkt vorübergehend entspannend, doch wird bei einsetzender Pensionsreife (Kapitel B 2.6.3) der Zustand für die Familie zunehmend aufregend.

In diesem Zusammenhang wird von glaubwürdigen Beobachtern bemerkt, dass Wirtschaftsprüfer ein gestörtes Verhältnis zur Gartenpflege haben[34], da sie den heimischen Garten bei ihren Wochenendbesuchen nur als Erholungsort kennen und körperliche Anstrengungen nicht gewohnt sind. Auch bei einfachen Hausarbeiten zeigen sie sich ungeschickt und reagieren bei längerer Beanspruchung mürrisch. Es wird sogar von Trotzreaktionen berichtet. Zum Beispiel weigerte sich WP J. (68) nach der Pensionierung hartnäckig, die Waschmaschine zu bedienen[35].

1.4.3 Häuslichkeit

Es gibt unübersehbare Hinweise, dass der Berufsangehörige seine Familie als **Zufluchtsort** schätzt und braucht. Das wird ihm selbst in den einsamen Nächten seiner berufsbedingten häuslichen Abwesenheit schmerzlich

33 Siehe dazu auch die erleuchtenden Ausführungen in Kapitel B 2.6.
34 *Brummer*, Ein Gartenzwerg ist genug, Nürnberg 1987, S. 102 f.
35 *Wehmeier*, Der Videorekorder als mentale Herausforderung, 2. Aufl., Stuttgart 2003, S. 210.

bewusst[36]. In diesen dunklen Stunden grübelt er über ungelöste Bilanzierungsprobleme und denkt zur Ablenkung an abgebrochene Flitterwochen, versäumte Elternabende in der Schule seiner Kinder u.a.m. Selbst in der Personalberatung dilettierende Wirtschaftsprüfer merken oft zu spät, dass der Kontakt zu ihren Kindern durch ihre dauernde Aushäusigkeit leidet.

In lichten Momenten, also außerhalb der Prüfungstätigkeit, dämmert vielbeschäftigten Wirtschaftsprüfern die Erkenntnis, dass man die Kindererziehung nicht allein dem im Hause waltenden Ehegatten aufbürden darf und auch nicht nur dem Fernsehen überlassen sollte. Daher raten dem Beruf nahestehende Sozialarbeiter, die Kinder in das Berufsleben ihrer Väter und Mütter einzubeziehen.

Dem Arbeitskreis „Familie und Hund“[37] sind erste konkrete Vorschläge für eine **kindernahe Berufsausübung** zu verdanken. Sie reichen von Laufställen im Prüferzimmer über im Prüferteam mitreisende Tagesmütter bis zu Teilzeitmodellen für alleinerziehende Prüfer.[38]

Sehr viel weiter gehen die Vorstellungen der Initiative „WP-nett“. Sie fordert, dass der Einsatz von Wirtschaftsprüfern, deren Familien in Deutschland ansässig sind, außerhalb der EU, der Schweiz und dem EWR auf maximal 60 Arbeitstage pro Jahr begrenzt wird, und dass bei Einsatzorten, die mehr als 200 km vom Heimtatort des Prüfers entfernt sind, nicht mehr als 151 Arbeitstage zulässig sind. Zumindest alle 29 Tage soll ein dreitägiger Arbeitseinsatz in unmittelbarer Nähe des heimischen Herdes vorgesehen werden.

Brandneu ist die Aktion „Prüfung und Familienfreundlichkeit (PuFF)“, die bei Wirtschaftsprüfer-Kongressen und IDW-Fachveranstaltungen vor Ort kostenpflichtige Kinderbetreuungseinrichtungen und kostenloses Spielmaterial für kleine und schulpflichtige Kinder (z.B. Bilanzmärchen zum Vorlesen oder Cashflow-Puzzle) anbieten will.

36 *Wunderlich*, Nachtfluch von Arras bis Zagreb, Frankfurt, 2012, S. 144.
37 *Institut der Wirtschaftsprüfer* (IDW), Erste Ergebnisse der Trendwatch, Düsseldorf 2014, S. 14.
38 Vgl. auch *Laske-Romansky*, Brauchen wir ein Prüfer-Genesungs-Werk? Hamburg 2014.

2 Der Berufsstand der Wirtschaftsprüfer

2.1 Die geschichtliche Entwicklung

2.1.1 Notgeburt und Internationalität

Der Berufsstand der Wirtschaftsprüfer wurde 1931 durch eine Notverordnung[39] geschaffen. Nach dieser offiziellen Notgeburt wurde die weitere Vermehrung der Berufsangehörigen durch haarige Zulassungsprüfungen erschwert, die nur zögernd vermenschlicht wurden.

In der pubertären Phase des Berufsstandes beschäftigten sich die Wirtschaftsprüfer vornehmlich mit Jahresabschlüssen von Aktiengesellschaften und mit den Leitsätzen für die Preisermittlung auf Grund von Selbstkosten bei Leistungen für den öffentlichen Auftraggeber (LSÖ)[40]. In der Nachkriegszeit forderten die D-Mark-Eröffnungsbilanzen von 1948 die Wirtschaftsprüfer fachlich heraus.

Bereits auf der Fachtagung 1968 des Instituts der Wirtschaftsprüfer sprach der damalige Bundeswirtschaftsminister davon, dass die Wirtschaftsprüfer in dem Pilgerzug der Wirtschaft in die **goldene Zukunft** einen besonderen Platz einnehmen werden, da ihnen dank ihrer besonderen Weihen seit jeher gestattet sei, im Allerheiligsten der Unternehmen einzugehen[41]. Bei diesem Vormarsch zeichnete sich infolge der zunehmenden Exporttätigkeit der deutschen Wirtschaft kurz nach dem Start ab, dass die Entwicklung vom kleinbürgerlichen Wirtschaftsprüfer zum international auftretenden Wirtschaftsprüfer nicht aufzuhalten war.

Anfangs genügte zum Nachweis internationaler Erfahrungen der wiederholte Gebrauch angloamerikanischer Fachausdrücke. Ehrgeizige Protagonisten leisteten sich sogar eine fremdsprachige Fachzeitschrift[42]. Der Wissendrang der Wirtschaftsprüfer konnte schließlich durch die

---

[39] Verordnung des Reichspräsidenten über Aktienrecht, Bankenaufsicht und über eine Steueramnestie vom 19.9.1931, RGBl I, S. 493.

[40] Vom 15.11.1938, neu gefasst am 12.2.1942, abgelöst durch die LSP = Leitsätze für die Preisermittlung aufgrund Selbstkosten.

[41] *Hakelmacher*, Meditationen über neue Wege der Wirtschaftsprüfung, WPg 1969, S. 101.

[42] *Moser*, How to become an international Professional, Wien 1966.

Teilnahme an internationalen Fachkongressen einigermaßen befriedigt werden.

Hier zeigte sich, dass die Wirtschaftsprüfer zwar zwischen Rücklagen und Rückstellungen differenzieren konnten, aber anfangs nicht in der Lage waren, den Unterschied zwischen schottischem und irischem Whisky zu schmecken. Derartige nützliche Fähigkeiten mussten durch längere Aufenthalte im englischen Sprach- und Genussgebiet erlernt werden.

Die anfängliche Unbeholfenheit im Umgang mit ausländischen Kollegen und Mandanten wurde rasch überwunden. Alerte Wirtschaftsprüfer lernten schnell, bei fachverbrämten Empfängen und Events zum partypolitisch optimalen Zeitpunkt[43] zu erscheinen. Auf der Suche nach Kontakt erspähten sie auf internationalen Fachkongressen mit dem geschulten Blick des Profis alle respektablen Funktionäre des Berufsstandes. Bei mit Laien vermischten Veranstaltungen half ihr mandantenorientierter Instinkt, auf Anhieb auftragsanfällige Mandanten zu orten und ins Gespräch zu ziehen.

2.1.2 Harmonisierung und Standardisierung

Die Achtzigerjahre des letzten Jahrhunderts standen im Zeichen der **Harmonisierung der Rechnungslegung** in Europa und den dazu notwendigen nationalen Verformungsbemühungen. Es ging zugleich um eine Aufwertung der Rechnungslegung[44] und ihrer Prüfung, da selbst namhafte Unternehmen sich der Erkenntnis verweigerten, dass ihre eigentliche Zwecksetzung in der Rechnungslegung besteht. Ihre Topmanager glauben allerdings bis heute, dass die nachhaltige Ertragskraft und Liquidität des Unternehmens allein von der strategischen Planung abhängen, die in Literatur und Praxis zur wichtigsten Leitungsaufgabe deklariert wurde[45].

[43] Dieser Zeitpunkt und die Ortung der wichtigsten Partygäste richten sich nach der Cocktailformel von *Parkinson* (Parkinsons Law, London 1985 (Reprint), S. 61 ff.).

[44] *Hammer*, Zielkonflikte in der Unternehmensführung, Opladen 1983.

[45] Hier kann nur pauschal auf die Grundwerke der Betriebswirtschaftslehre und die zahlreichen Veröffentlichungen zu Managementlehren und -techniken in jener Zeit verwiesen werden.

Mit dem Beitritt Großbritanniens zur Europäischen Gemeinschaft wurde erschreckend deutlich, dass die Länder des europäischen Kontinents, namentlich die Bundesrepublik Deutschland, hartnäckig an antiquierten Rechnungslegungsgrundsätzen festhielten, die mit der angloamerikanischen Bilanzierungspraxis nicht übereinstimmten. Eine Schlüsselrolle spielte dabei das mit britischem Nachdruck geforderte „*True and Fair View*“-Konzept. Dessen Überlegenheit beruht nicht auf Prinzipien, sondern auf der Dynamik einer nie vollendeten Sammlung von Einzelfallregelungen.

Damals war ernsthaft befürchtet worden, dass die Bundesrepublik Deutschland zum unterentwickelten Land auf dem Gebiet der Rechnungslegung erklärt wird[46]. Diese Mangelerscheinung stützte sich vor allem auf die Tatsache, dass den über 78.000 Chartered Accountants in Großbritannien in jener Zeit einsame 3.800 Wirtschaftsprüfer in Deutschland gegenüberstanden.

Nach dem bahnbrechenden QR-Theorem von *Shocking*[47] wird die **Qualität der Rechnungslegung** einer Nation (QR) von dem Verhältnis der bereitstehenden Abschlussprüfer zur Anzahl der Beschäftigten der zu prüfenden Unternehmen bestimmt. Für die westlichen Industrieländer wurde ein QR-Faktor von 100% als normal angesehen. Während Großbritannien einen QR-Faktor von 126,8 % aufwies, erreichte die Bundesrepublik Deutschland damals nur magere 27,8 %.

Mit der Umsetzung der 4. und 7. EG-Richtlinie[48] zur Harmonisierung der Rechnungslegung in Europa wurde in 1985 die Wende zur rechnungslegenden Marktwirtschaft vollzogen. Das Bilanzrichtliniengesetz von 1985 (**BiRiLiG**)[49] ließ die Abschlüsse und Lageberichte der Kapitalgesellschaften stark anschwellen. Diese exhibitionistische Rechnungslegung gab dem unternehmerischen Denken und Lenken neue Impulse. Anstelle strategischer Erfolgspositionen wurden bestimmte Abschlusspositionen zum Ausdruck des nachhaltigen Unternehmenserfolgs.

46 *Lewis/Clark*, Underdeveloped Accounting in Developed Countries, London 1975.
47 The Quality-Accounting in Central Europe, Glasgow 1977.
48 4. Richtlinie des Rates vom 25.7.1978 (78/660/EWG), ABl. Nr. L 222 v. 14.8.1978, S. 11 ff.; 7. Richtlinie des Rates v. 13.6.1983 (83/349/EWG), Abl. Nr. L 193 v. 18.7.1983, S. 1 ff.
49 Gesetz vom 19.12.1985, BGBl I, S. 2355 ff.

Durch das Aufquellen der Rechnungslegung stieg die Nachfrage nach Wirtschaftsprüfern enorm. Sie wurde verstärkt durch die Wiedervereinigung Deutschlands und die Notwendigkeit, eine DM-Eröffnungsbilanz zum 1. Juli 1990 aufzustellen[50].

Da die breite Öffentlichkeit von der Abschlussprüfung mehr erwartete als gesetzlich vorgesehen und wirtschaftlich angemessen war, entstand eine Erwartungslücke, in welche die Wirtschaftsprüfer – nicht zuletzt durch breite literarische Verarbeitung - zunehmend gerieten[51]. Das war Anlass für das Gesetz zur Kontrolle und Transparenz im Unternehmensbereich (**KonTraG**) von 1998[52], das allerdings der vom Vorstand verursachten Informationslücke und der dadurch beim Aufsichtsrat produzierten Überwachungslücke wenig Beachtung schenkte.

Mit dem KonTraG wurde die Haftung bei Verstößen gegen Rechnungslegungsvorschriften für Vorstand, Aufsichtsrat und Abschlussprüfer von Kapitalgesellschaften erweitert. Der Vorstand wurde verpflichtet, ein unternehmensweites Früherkennungssystem für Risiken einzurichten, über dessen Bestehen und Wirksamkeit der Abschlussprüfer börsennotierter Unternehmen berichten musste. Außerdem wurde bestimmt, dass anstelle des Vorstands der Aufsichtsrat den Prüfungsauftrag an den Abschlussprüfer erteilt, damit dieser unbefangener prüfen kann.

Neue Irritationen der Rechnungsleger löste das Wahlrecht für kapitalmarktorientierte[53] Mutterunternehmen aus, ihren Konzernabschluss nach international anerkannten Rechnungslegungsgrundsätzen aufzustellen, soweit diese mit den EU-Bilanzrichtlinien[54] im Einklang stehen (§ 292 a HGB a.F.)[55]. Die jedem internationalen Windhauch nachgebenden deutschen Börsen verlangten daraufhin von den Emittenten Abschlüsse nach internationalen Grundsätzen, ohne deren genauen Inhalt und mögliche Aussagen zu kennen. Die unbewiesene Brillanz dieser

50 *Greulich*, Spiele für Jung und Alt, Berlin 1991.

51 *Forster*, Zur „Erwartungslücke" bei der Abschlussprüfung, FS Helmrich, München 1994, S 613 ff.

52 Gesetz vom 27.4.1998, BGBl I, S. 786 ff.

53 Eine genauere Bezeichnung würde den räumlichen Rahmen dieser Darstellung sprengen.

54 78/660/EWG; 83/349/EWG; 90/605/EWG.

55 *Ballhorner*, Chaotische Rechnungslegung der Konzerne als Bestätigung einer reaktionären Bilanzlehre, Berlin 2000.

Rechnungslegung hat immerhin den anfänglichen Glanz und das spätere Desaster des so genannten Neuen Marktes gefördert.

Sportliche Topmanager waren sofort bereit, die internationalen Rechnungslegungsstandards anzuwenden, weil der verheißungsvolle *Fair Value* ihrer optimistischen Bilanzpolitik entgegenkam. Der Widerstand der Abschlussprüfer war gering, da kein Wirtschaftsprüfer von Format eingestehen wollte, dass er wenig Ahnung von den *International Accounting Standards* (IAS) und den US-amerikanischen *Generally Accepted Accounting Principles* (US-GAAP) hatte. Mutige Berufskollegen gaben selbst ungefragt Ratschläge zur Anwendung dieser Standards.

Rechnungslegungsstandards werden durch sogenannte **Standard-Setter** apportiert, die in den angloamerikanischen Ländern schon seit längerer Zeit gezüchtet wurden. Sie sollen die Auswüchse und Wucherungen der Bilanzierungspraxis im Zaum halten. In Deutschland wurde 1998 zu diesem Zweck ein privatrechtlich organisiertes Rechnungslegungsgremium eingerichtet, das Grundsätze ordnungsmäßiger Konzernrechnungslegung entwickeln sollte (§ 342 HGB)[56]. Das Rudel deutscher Standardsetter läuft in der Arena der Rechnungslegung als „Deutscher Standardisierungs-Rat (DSR)".

Die vom DSR verabschiedeten Deutschen Rechnungslegungs-Standards (DRS) gelten mit ihrer Veröffentlichung durch das Bundesministerium für Justiz und Verbraucherschutz als Grundsätze ordnungsmäßiger Konzernrechnungslegung. Allerdings wird die Meute deutscher Standardsetter immer mehr von der Flutwelle der internationalen Rechnungslegungsstandards überrollt, sodass sie – bildlich gesprochen – vor allem Argumente sucht und stapelt, damit die Pfosten ordentlicher Rechnungslegung wie die GoB nicht durch das rapide ansteigende Hochwasser der internationalen Rechnungslegungsnormen weggespült werden.

Zu Beginn des 21. Jahrhunderts wurden mit der Europäischen **IAS-Verordnung** vom 19. Juli 2002[57] kapitalmarktorientierte Unternehmen, die

[56] Deutsches Rechnungslegungs Standard Committee (DRSC).

[57] Verordnung (EG) Nr. 1606/2002, ABl EG L 243, S. 1 ff.

ihren Sitz in der Europäischen Union (EU) haben, dazu verurteilt, ab 2005 ihren Konzernabschluss nach den von der EU anerkannten *International Financial Reporting Standards* (IFRS) aufzustellen. Zur Beruhigung verunsicherter Parlamentarier und Rechnungsleger wurde ein umständliches Anerkennungsverfahren eingeführt. Diese Verzögerung der Übernahme der IAS/IFRS in das europäische Bilanzrecht wird als *Endorsement* bezeichnet.

Für den Berufsstand der Wirtschaftsprüfer hatte diese Entwicklung tiefgreifende Folgen. Jeder Berufsangehörige muss sich mit ständig veränderten internationalen Bilanzierungs- und Bewertungsrezepturen vertraut machen. Ohne Beherrschung der angloamerikanischen Fachjargons ist das ein unmögliches Unterfangen; mit Sprachkenntnissen ein Grauen. Für die Mandanten müssen die umständlich formulierten IFRS-Anleitungen im heimischen Dialekt erklärt werden. Die für den Mandantenkontakt unverzichtbare Sprachbeherrschung ist besonders gefordert, da die Urtexte der internationalen Rechnungslegungsstandards selbst sprachbegabten Lesern Verständnisschwierigkeiten bereiten.

2.1.3 Weitere Entwicklungen

In der **EU-Bilanzrichtlinie 2013**[58] wurden die 4. und 7. Bilanzrichtlinie zusammengefasst und weitere Erleichterungen für viele Betroffene ermöglicht. Die Umsetzung in deutsches Recht erfolgte mit dem Bilanzrichtlinien-Umsetzungsgesetz (BilRUG)[59], das für kleinere Unternehmen eine lockere Rechnungslegung ermöglichte.

Um das gewohnte Maß an Verwirrung zu sichern, wurde der Begriff der Umsatzerlöse auf alle Erlöse aus jeglichem Leistungsaustausch ausgeweitet. Seitdem gibt es in der G+V kein Ergebnis der gewöhnlichen Geschäftstätigkeit und keine außerordentlichen Posten mehr. Außergewöhnliche Erträge und Aufwendungen sind im Anhang anzugeben und zu erläutern.

Aus Sorge, dass die Unternehmen und ihre Angehörigen mit der üblichen Rechnungslegung nicht ausgelastet sind, sinnt der Gesetzgeber

[58] 2013/34/EU; ABl L 182 v. 296.2013, S. 19 ff.
17.7.2015, BGBl I 2015, S. 1245 ff.

ständig über mögliche Weiterungen nach, die über das finanzielle Rechenwerk hinausgehen. Die bisherigen Extensionen, die insbesondere kapitalmarktorientierte Unternehmen treffen, werden als „Rechnungslegung im weiteren Sinn" in Kapitel C.3 erläutert.

2.2 Die Organisation

Das Grundgesetz des Wirtschaftsprüferberufes ist die **Wirtschaftsprüferordnung** (WPO). In ihr sind u.a. die Zulassungsvoraussetzungen zum Beruf, die Bestellung zum Wirtschaftsprüfer, die Grundsätze der ordentlichen Berufsausübung und ähnliche Zwangsvorstellungen geregelt, unter denen jeder Wirtschaftsprüfer leidet.

Die berufsständische Organisation der Wirtschaftsprüfer soll hier der Vollständigkeit halber wenigstens unvollständig angesprochen werden. Näheres über das segensreiche Wirken der **Wirtschaftsprüferkammer** und des Instituts der Wirtschaftsprüfer entnehme der geneigte Leser den Selbstdarstellungen dieser Institutionen, die u.a. in Imagebroschüren und Web-Seiten sowie in den WPK-Mitteilungen bzw. den IDW-Fachnachrichten zu finden sind[60]. Im Übrigen wird an einschlägigen Stellen auf die verdienstvollen Tätigkeiten der beiden Institutionen Bezug genommen.

Zu den beruflichen Zwängen des Wirtschaftsprüfers gehört, dass er gewollt oder ungewollt Mitglied der Wirtschaftsprüferkammer[61] ist. Aufgabe der Wirtschaftsprüferkammer ist es, die beruflichen Belange der Wirtschaftsprüfer insgesamt zu wahren und die Erfüllung der beruflichen Pflichten zu überwachen. Da Pflichtverstöße dem Berufsangehörigen schwer zusetzen können, unterliegt der Wirtschaftsprüfer dem zusätzlichen Zwang, eine Berufshaftpflichtversicherung abzuschließen.

Die Mitgliedschaft in dem ebenfalls hoch angesehenen **Institut der Wirtschaftsprüfer** (IDW)[62] ist dagegen freiwillig. Zum Ausgleich

60 Als internationale Organisationen sind die International Federation of Accountants (IFAC) und die Fédération des Experts Comptables Européens (FEE) zu erwähnen.

61 Nicht zu verwechseln mit der Prüferstube, in welcher der Abschlussprüfer u.a. an seinem Entwurf des Prüfungsberichtes bastelt.

62 Im Vergleich zu dem Begriff „Kammer", der an Monarchie, Minne und Mittelalter erinnert, assoziiert der gebildete Leser mit der Bezeichnung „Institut" Wissenschaft, Pathologie u.ä.

mischt sich das IDW besonders stark in die Angelegenheiten der Wirtschaftsprüfer ein und vertritt mit Nachdruck die Interessen des Berufsstandes und die Begrenzung seiner Haftung. Im Übrigen geht das IDW auf hohem Niveau in die unergründliche Tiefe der beruflichen Facharbeit und manchem Rechnungsleger auf die Nerven.

Wer sich das Institut der Wirtschaftsprüfer als eine Art Wirtschaftsprüfer-Gewerkschaft vorstellt, übersieht, dass sich das IDW vernünftiger Weise mit Tarifforderungen zurückhält[63] und nicht zum Streik, sondern zu fachlichem Streit aufruft. 81 % der Wirtschaftsprüfer zählen zu den Mitgliedern des Instituts der Wirtschaftsprüfer. Das Institut hat damit einen Organisationsgrad erreicht, von dem Gewerkschaften nur träumen können[64].

Das IDW wird getragen von seinen Mitgliedern, beherrscht von seiner Geschäftsführung und repräsentiert von Vorstand und Verwaltungsrat. Den Wirtschaftsprüfern ist es lieb und teuer wegen seiner fachlichen Verlautbarungen und Veröffentlichungen, die in jüngster Zeit hochwasserartig angeschwollen sind, sodass der Brückenschlag zur praktischen Berufsausübung nicht mehr zu befürchten ist.

2.3 Berufliche Aufgaben und Befugnisse

2.3.1 Überblick

„Wirtschaftsprüfer haben die berufliche Aufgabe, **betriebswirtschaftliche Prüfungen** durchzuführen und Bestätigungsvermerke über die Vornahme und das Ergebnis solcher Prüfungen zu erteilen“ (§ 2 Abs.1 WPO). Außerdem sind sie befugt, auf dem Gebiet der wirtschaftlichen Betriebsführung als Sachverständige aufzutreten, in wirtschaftlichen Angelegenheiten zu beraten, geschäftliche Hilfe in Steuersachen zu leisten, fremde Interessen zu wahren und eine treuhänderische Verwaltung auszuüben.

63 Die Vollbeschäftigung der Wirtschaftsprüfer spricht doch Bände.
64 Zum Ausgleich ist der Einfluss der im Deutschen Gewerkschaftsbund (DGB) zusammengeschlossenen Gewerkschaften wesentlich größer als es der Zahl und den Interessen der Mitglieder entspricht.

Das Berufsbild der Wirtschaftsprüfer wird entscheidend von ihrem Image geprägt, das durch den komplizierten Schliff der mehrjährigen Ausbildung glänzt und durch Berufspflichten wie Unabhängigkeit, kritische Grundhaltung und Verschwiegenheit manchmal getrübt ist. Wirtschaftsprüfer können alles, dürfen aber nur vieles. Die zulässigen Tätigkeiten ergeben sich aus § 2 und § 43 ff. WPO.

Berufsfernen Beobachtern leuchtet am ehesten ein, dass der Wirtschaftsprüfer in Anlehnung an seine Bezeichnung für wirtschaftliche Prüfungen prädestiniert ist, wie z.B. Gründungs-, Verschmelzungs- und Sanierungsprüfungen und vor allem die Abschlussprüfung. Letztere ist gesetzlich vor- und dem Wirtschaftsprüfer auf den Leib geschrieben.

Die Abschlussprüfung prägt nachhaltig die Gebärden und das Gebaren der Wirtschaftsprüfer[65] und erklärt ihre Ecken und Kanten auf natürliche Weise. Die durch schwere Aktentaschen oder Laptops hervorgerufenen Haltungsschäden versucht der Wirtschaftsprüfer durch eine steife Körperhaltung auszugleichen, die Unnahbarkeit und Autorität signalisiert.

Das bedrückende Übermaß an **fachlichem Wissen**, das im Wirtschaftsprüfer-Examen abgefragt wird, führt zwangsläufig zu einem ungezügelten Ratgebungsbedürfnis. Die Wirtschaftsberatung gehört schon lange zu den Berufsaufgaben der Wirtschaftsprüfer. Sie reicht von Ratschlägen zur Buchführung und zu anderen Fragen der Unternehmensorganisation über Probleme der Finanzierung bis zum Kauf oder Verkauf von Unternehmen in Sanierungs-, Erb- und anderen Fällen.

Wirtschaftsprüfer sind ferner zur Wahrnehmung fremder Interessen in wirtschaftlichen Angelegenheiten sowie zur treuhänderischen Verwaltung befugt. Seit den Anfängen des Berufes reichen die Wirtschaftsprüfer Bedürftigen gern ihre Treuhand. Auch die Mitwirkung an Schiedsgerichten, also an vertraglich vereinbarten Spekulationen über den Ausgang von Streitigkeiten unter unzufriedenen Vertragspartnern,

65 Grundlegend dazu bereits *Schinder*, Typenprägende Tätigkeiten der Geistesarbeiter, Königsberg 1926.

gehört zu den gern wahrgenommenen Tätigkeiten der Wirtschaftsprüfer, und zwar sowohl als Schiedsrichter wie als Schiedsgutachter.

Schließlich ist den Wirtschaftsprüfern die **künstlerische Tätigkeit** erlaubt (§ 43 a Abs. 3 Ziff. 7 WPO)[66]. Damit ist die Mitarbeit im Institut der Wirtschaftsprüfer und in verwandten Organisationen legitimiert. Sie bedeutet z.B. die Mitwirkung an der Entwicklung von Prüfungsstandards oder die Mitgliedschaft im Vorstand, Verwaltungsrat oder Hauptfachausschuss des IDW. Angesprochen sind aber auch Bastelarbeiten und Design bei Erstellung des Prüfungsberichts oder das Malen düsterer Fortführungsprognosen.

Die kurze Aufzählung der für Wirtschaftsprüfer zulässigen und geeigneten Tätigkeiten verdeutlicht einerseits die reizvolle Vielfalt der Spielwiesen des Wirtschaftsprüfers. Auf der anderen Seite macht sie den Schmerz der Abschlussprüfer von Unternehmen von öffentlichem Interesse sichtbar, den sie durch das Verbot von Nichtprüfungsleistungen für das geprüfte Unternehmen empfinden (siehe Kapitel 2.5.3).

2.3.2 Assurance

Die Haupttätigkeit des Wirtschaftsprüfers besteht darin, seinem Mandanten oder dessen Adressaten Vertrauen in die von ihm geprüften Daten und Objekte zu vermitteln. Die vermehrte Verunsicherung ein steigendes Absicherungsbedürfnis von Gesetz- und Normengebern sowie von Managern und Aufsichtsorganen haben zu einem erheblichen Anstieg der Nachfrage nach Prüfungsleistungen durch qualifizierte Personen geführt.

In der Praxis hat sich der Begriff *Assurance* für **„betriebswirtschaftliche Prüfungen“** unterschiedlichen Ausmaßes durchgesetzt[67]. Der englische Begriff *Assurance* bedeutet eigentlich „Selbstsicherheit“, meint aber im Prüfungswesen die Gewinnung derselben durch die Prüfungstätigkeit von Wirtschaftsprüfern. *Assurance* bedeutet, dass durch das Urteil einer sachverständigen und unabhängigen Partei die Verlässlichkeit von Informationen mehr oder weniger bestätigt wird.

66 Siehe dazu *Puhvogel-Riebele*, Könner als Künstler, Worpswede 1992.
67 IDW, WP-Handbuch, 17. Aufl. 2021, Kapitel A Tz. 20.

Im Gegensatz zu gesetzlich vorgeschriebenen Prüfungen (z.B. Abschlussprüfung) sind Umfang und Tiefe anderer betriebswirtschaftliche Prüfungen nicht gesetzlich bestimmt, können aber vertraglich vereinbart werden. Angesichts der Vielzahl von Evaluierungswünschen oder -notwendigkeiten und der begrenzten Prüferkapazitäten liegt es nahe, für freiwillige Prüfungsleistungen eine abgestufte Intensität vorzusehen.

In Abgrenzung zur vollumfänglichen Prüfung „mit hinreichender Sicherheit“ gibt es die **prüferische Durchsicht** „mit begrenzter Sicherheit“. Sie stellt eine kritische Würdigung auf der Grundlage von Plausibilitätsüberlegungen dar[68]. Hauptanwendungsfälle sind die prüferische Durchsicht von Abschluss und Lagebericht nicht prüfungspflichtiger Unternehmen, von Zwischenabschlüssen oder von nichtfinanziellen Erklärungen.

Der Grad an Aufmerksamkeit, die der Wirtschaftsprüfer einem Betrachtungsobjekt widmet, lassen sich wie folgt kennzeichnen und abstufen:

1. Desinteresse, Ignoranz: Der Prüfer lässt das Thema oder den Gegenstand links oder rechts liegen, z.B. wegen Desinteresse, Vermeidung von Unannehmlichkeiten, wegen Schwangerschaft oder anderer Hobbys;
2. Vorsicht, Zeitnot: Der Prüfer wirft ein Auge auf den Gegenstand, um nicht über ihn zu stolpern da er in großer Eile ist;
3. Kenntnisnahme, Aufmerksamkeit: Der Prüfer blättert die Unterlagen durch, um ein Feeling für die Gestaltungsfreude und den Arbeitsaufwand des Urhebers zu entwickeln;
4. Interesse, Achtbarkeit: Der Prüfer entschließt sich zum kritischen Lesen einzelner Passagen, um die Brisanz des Themas zu spüren oder um augenfällige Denk- oder Rechenfehler oder Lücken oder dubiose Umstände zu entdecken;
5. Prüferische Durchsicht: Der Prüfer prüft systematisch in Stichproben, um mit einer begrenzten Sicherheit wesentliche Teile des Prüfungsobjekts als ordnungsgemäß und plausibel zu bewerten;

68 IDW PS 900, Tz. 6

6. Prüfung: Der Prüfer prüft – wie gesetzlich oder vertraglich vorgesehen – den Prüfungsgegenstand vollumfänglich oder in angemessenen Stichproben, um mit hinreichender Sicherheit die Recht- und Ordnungsmäßigkeit bestätigen zu können.

2.3.3 Wertschätzung der zulässigen Tätigkeiten

Die Wertanmutung der beruflichen Tätigkeiten sollte dem hohen Ansehen entsprechen, das jeder Wirtschaftsprüfer sich wünscht. In der Praxis werden die Tätigkeitsbereiche nach objektiven Maßstäben (Häufigkeit, Ansehen außerhalb (!) des Berufsstandes, Honorarniveau) und nach subjektiven Einschätzungen (Hobby, Neugier, Entwicklungspotential) unterschiedlich bewertet.

Für den verunsicherten Berufsangehörigen, der nach beruflicher Perfektion strebt, mag die folgende Tabelle eine Orientierungshilfe sein. Sie ist nicht frei von subjektiven Empfindungen und beruht auf Umfragen bei Mandanten, Hochschulen und Angehörigen der Wohlfahrtsverbände. Ansehen, Honorarniveau usw. sind mit den Schulnoten 1 bis 6 bewertet worden. Mit dieser Maßgabe gilt: Je niedriger die Notenzahl, umso attraktiver ist die Tätigkeit.

	Häufigkeit	**Ansehen**	**Honorar-niveau**	**Lustge-winn**	**Zukunft**	**Summe**
1	Abschlussprüfung	3	4	3	1	11
2	Steuerberatung	2	3	3	2	10
3	Fachliteratur	4	5	1	4	14
4	Gutachten	2	1	1	3	7
5	Unternehmensberatung	1	1	1	5	8
6	IDW u.ä.	3	5	2	2	12
7	Treuhandschaften	2	2	3	3	10

Die nahe beieinander liegenden Werte zeigen, dass unabhängig vom Schwerpunkt seiner Tätigkeit jeder Wirtschaftsprüfer eine befriedigende Beschäftigung finden kann[69].

[69] Bessere Gesamtnoten erreichen nur Bergsteiger, Konzernchefs und Zahnärzte. Vgl. *Messerschmied*, Genugtuung als Empfindung und Maßstab, Frankfurt 1992, S. 328.

Die Wertschätzung der Abschlussprüfung leidet von Zeit zu Zeit an einem unbefriedigenden Honorarniveau[70], weil konkurrierende Wirtschaftsprüfer und Wirtschaftsprüfungsgesellschaften um die begehrten Mandate mit Lockangeboten buhlen[71] und Aufsichtsräte als Auftraggeber hier die einmalige Chance sehen, selbst und unbeschadet Aufwendungen für ihr Unternehmen senken oder niedrig halten zu können.

Die Einstufung der Steuerberatung bewegt sich auf gutem bis befriedigendem Niveau. Ihre irrationalen Grundlagen regen schon bei einfachen Sachverhalten zu hoher Komplexität und Kreativität bei Beratung und Honorargestaltung an, während die meist hilflosen Mandanten zwischen Bewunderung und Resignation schwanken.

Fachliterarische Arbeiten werden generell unterbewertet und lassen im Zeitalter von Standardisierung, Digitalisierung und Werteverfall wenig Aufwertung erhoffen.

Die Gutachtertätigkeit, einschließlich der Bewertung von Unternehmen, vereint dagegen Ansehen und hohe Vergütung. Mit der größeren Anzahl der Fußnoten lassen sich der Grad der Wissenschaftlichkeit des Gutachtens und die Honorarhöhe erheblich steigern.

Die mangelhafte Wertschätzung der Mitarbeit beim Institut der Wirtschaftsprüfer und der sonstigen künstlerischen Tätigkeiten ist eine Folge der Säkularisierung und der immer weniger kulturbewussten Zivilisation. Wie zahlreiche kunsthistorische Beispiele belegen, waren die Vergütungen eines Künstlers zu Lebzeiten in der Regel unzureichend.

Die Bewertung von Treuhandschaften hängt sehr von den Umständen des Einzelfalles ab. Sie kann recht lukrativ sein, ist aber manchmal mit Arbeit verbunden.

2.3.4 Die Ausbildung

Ein breit angelegtes Tätigkeitsspektrum verlangt eine ebenso ausgedehnte Ausbildung. Der **dornenreiche Weg** zur Berufsqualifikation

70 *Stahlberg*, Dumping bei der Erstprüfung, 3. Auflage, Düsseldorf 1994.

71 Das wird von hart bedrängten Wirtschaftsprüfungsgesellschaften in Krisenfällen zur Vermeidung von Fehlschlüssen öffentlich vergeblich bestritten.

als Wirtschaftsprüfer führt i.d.R. über ein betriebswirtschaftliches Studium, obwohl das dort vermittelte Wissen nur bedingt für die Berufsausübung verwertbar ist. Auch das juristische Studium bietet diesen beschränkten Ansatz. Beide Fachbereiche zeichnen sich durch eine flexible Schwankungsbreite bei der Beurteilung von Fakten und deren Auswirkungen aus[72].

In der akademischen Bilanzleere geht es um Prinzipien und weniger um das Wesentliche. Ihre Vertreter haben nie ein Gespür für Größenordnungen entwickelt und betrachten den Abstand zur Praxis als Garantie für ihre wissenschaftliche Unabhängigkeit an. Pragmatismus und Realität lenken nach ihrer Meinung von der wissenschaftlichen Wahrheit ab. Unerbittliche Hochschullehrer verlangen, alle Wahlrechte zu streichen. Bilanzierung und Bewertung sollten nach professoralen Vorstellungen so engmaschig reguliert werden, dass kein Bilanzpolitiker durch das Netz hindurchschlüpfen kann[73].

Der intellektuelle Anreiz des Fachs „Steuerrecht/Steuerlehre" besteht darin, dass höchst komplizierte Geschäftsvorfälle, die im Studium steuerlich durchleuchtet wurden, nach dem Examen wegen Gesetzesänderungen in einem ganz anderen Licht erscheinen.

In Zeiten hoher Beschäftigung ist der Zustrom zu den prüfungsnahen Fächern zu gering, um die Nachfrage der prüfenden Berufe befriedigen zu können. Viele scheuen den anstrengenden Lernstoff. Daher denken expandierende Wirtschaftsprüfer-Praxen und größere WP-Gesellschaften über neuartige Anreize nach, z.B. Prüfungseinsatz im Amazonas mit Besuch bei den Kopfjägern oder bei Auswärtsprüfungen kostenloser Gepäcktransport von Haus zu Haus oder Fitnesstraining am Prüfungsort.

Wer allen Vorbehalten zum Trotz den schweren Gang zum Wirtschaftsprüfer einschlagen will, beginnt nach dem Studium als Prüfungsas-

[72] So schon ADS 1938: „Zwar führen rechtliche und betriebswirtschaftliche Untersuchungen häufig zu gleichen Ergebnissen. Sie unterscheiden sich jedoch mitunter in den Begründungen erheblich" (*Adler-Düring Schmaltz*, Rechnungslegung und Prüfung der Aktiengesellschaften, 1938, Vorwort).

[73] Auf diesem Weg hat sich inzwischen der International Accounting Standards Board (IASB) begeben.

sistent, um unter der Anleitung von Praktikern seine universitären Vorstellungen auf ein realistisches Maß zurückzuschrauben. Damit die brutale Konfrontation mit der Berufspraxis nicht zu Dauerschäden führt, beginnt bald darauf die mindestens zweijährige Vorbereitung auf das Steuerberaterexamen und danach auf das Wirtschaftsprüferexamen, bei denen mehr theoretisches Wissen gefragt ist. Empfohlen wird der Besuch von Repetitorien, die den Wirrwarr des Examensstoffs halbwegs durchschaubar machen und das permanent schlechte Gewissen wegen ungenügender Vorbereitung beruhigen.

2.3.5 Die bilanzielle Entsorgung

Spätestens seit Einführung des Bilanzrichtliniengesetzes von 1985 (BiRiLiG)[74] fragen sich Bilanzaktivisten, ob die bilanzielle Entsorgung in der Bundesrepublik Deutschland sichergestellt werden kann. Wie können die umfangreichen Vorschriften geistig bewältigt und die notwendigen Rechnungslegungsunterlagen rechtzeitig erstellt oder herbeigeschafft werden, um sie ordentlich zu prüfen und zu veröffentlichen, bevor die Aufbewahrungsfristen abgelaufen sind.

Die Fragen richten sich vor allem an die Wirtschaftsprüfer, die in der Rechnungslegung jene herausragende Stellung erobern konnten, wie sie in früheren Hochkulturen dem Priestertum vorbehalten war. Sie konnten ihre **Unfehlbarkeit in Fragen der Rechnungslegung** nahezu unanfechtbar manifestieren. Eine unterstützende Rolle spielte dabei das Institut der Wirtschaftsprüfer, dessen fachliche Verlautbarungen den Rang päpstlicher Enzykliken errungen haben.

Leider wird diese gesunde Entwicklung durch das Auftreten von Standardsetzern empfindlich gestört, die laufend eigene Dogmen verkünden und für alleingültig erklären. Um Schritt zu halten, musste der bis dahin zurückhaltende Vermehrungstrieb der Wirtschaftsprüfer stimuliert werden. Das gelang ohne erkennbare Genmanipulation zunächst dadurch, dass Wirtschaftsprüfer nicht nur die teuren Bilanzkommentare bestellten, sondern ebenso leichtfertig Steuerberater und

[74] Vom 19.12.1985; BGBl I S. 2355. Zu Details siehe *Biener/Berneke*, Bilanzrichtlinien-Gesetz, Düsseldorf 1986.

Rechtsanwälte zu ihresgleichen. Gleichzeitig wurden größere und effizientere Zuchtanstalten für WP-Kandidaten geschaffen, insbesondere die WP-Akademie.

Um die bilanzielle Entsorgung effizienter zu gestalten, rollte außerdem eine sich überschlagende **Fusionswelle** über sonst seriöse Wirtschaftsprüfer-Gesellschaften und -Sozietäten, die auch an nationalen Grenzen nicht gestoppt werden konnte. Die beschleunigte internationale Verfilzung der Bilanzentsorger ermöglichte universale Prüfungs- und Beratungsangebote.

Wer als Wirtschaftsprüfer nicht in der Provinzialität vereinsamen wollte, schloss sich mit anderen Wirtschaftsprüfern oder Wirtschaftsprüfungsgesellschaften zusammen. Große WP-Gesellschaften kauften mittelgroße Wirtschaftsprüferpraxen auf, soweit diese sich nicht - auf Dauer meist vergeblich - mit nationalen und internationalen Kooperationen zu retten versuchten. Die großen Gesellschaften suchten ihr Heil in internationalen Verschmelzungen. Das einzig Übersichtliche an den global agierenden Prüfungsunternehmen ist ihre Firmierung in abgekürzter Form wie PWC, KPMG oder E+Y.

Auslöser der internationalen Fusionitis war die Erkenntnis, dass es unter den ehemals acht international bedeutsamen Prüfungsgesellschaften, den sog. *„Big Eight“*, eigentlich nur sechs große Gesellschaften gab und dass fünf Gesellschaften mächtiger sind als sechs. So wurden unversehens aus den *„Big Eight“* die *„Big Five“*. Nach dem Enron-Skandal verringerte sich die Zahl der „fünf großen Pfeifen“ auf vier. Es dürfte nur eine Frage der Zeit sein, wann der totale Zusammenschluss der verbliebenen *„Big Four“* zum *„Big Brother“*[75] vollendet sein wird; siehe auch Kapitel D 1.2.

Das Anforderungsprofil des erfolgreichen Wirtschaftsprüfers unterlag gleichfalls einem spürbaren Wandel. Neben betriebswirtschaftlichen Kenntnissen und prüferischen Erfahrungen wird vom Abschlussprüfer

[75] Diese anspruchvolle Bezeichnung (vgl. Huxley, 1984) wird zurzeit vom Fernsehen mehr oder weniger imagefördernd vermarktet, sodass sie für WP- Gesellschaften wenig akzeptabel sein dürfte. Als Zwischenstufe dürfte es demnächst „The Three Sisters“ geben.

vor allem **Kommunikationsfähigkeit** verlangt. Er muss den für ihn zuständigen Prüfungsausschuss unterhalten und dem oft apathischen Aufsichtsrat erläutern, was dessen Sache ist[76]. Mit geschickt eingesetzter Mitteilungsfreude soll der Abschlussprüfer die Dialogschwäche zwischen Vorstand und Aufsichtsrat zu überwinden helfen.

Das WP-Examen stellt immer noch zu stark auf reines Fachwissen ab. In der Forderung der Kommunikationsfähigkeit liegt eine noch unerledigte Aufgabe von WPK und IDW. Selbst die glanzvollen IDW-Fachkongresse gehen die Problematik zu fachspezifisch an. Ziel muss es sein, die Mandanten mit der Zugehörigkeit zur WP-Kammer oder zum Institut der Wirtschaftsprüfer ebenso zu beeindrucken wie mit der Mitgliedschaft im Rotary Club oder Diners Club.

2.3.6 Perspektiven

Angesichts der Tatsache, dass dem Abschlussprüfer von Unternehmen von öffentlichem Interesse Nichtprüfungsleistungen für das geprüfte Unternehmen untersagt sind, scheuen sich progressive Berufsvertreter nicht, eine Ausweitung der Abschlussprüfung ins Gespräch zu bringen, die empfindliche Teile der Geschäftsführung einschließt. Ahnungslose Aufsichtsräte finden an solchen Erweiterungen des Prüfungsauftrags rasch Gefallen (siehe Kapitel D 2.2.1).

Als bescheidenere, aber ausbaufähige Aufgabe wird z. B. die Überprüfung der Vorstandsberichte an den Aufsichtsrat ins Gespräch gebracht. Diese sollen zeitnah, vollständig, relevant und verständlich sein. Auch die Auswahl und Aufzucht von Vorstandsmitgliedern unter Berücksichtigung der Gleichberechtigung von Mann und Frau, der Altersstruktur oder der Religionszugehörigkeit bieten sich zur Prüfung an[77].

Nahe liegend ist ferner der Gedanke, dass der Abschlussprüfer die Einhaltung der Empfehlungen des Deutschen Corporate Governance Kodex prüfen sollte. Vielversprechender und mühsamer ist die Prüfung der nichtfinanziellen Erklärung, auf die in Kapitel C 3 näher eingegangen wird.

---

76 KonTraG, Begründung RegE, S. 101.

77 Hier bietet das Antidiskriminierungsgesetz noch ungeahnte Möglichkeiten.

Eine echte Innovation wäre die Einführung von **Fach-Wirtschaftsprüfern**, so wie Fachanwälte oder Fachärzte geschaffen wurden. De facto gibt es bereits den Fach-WP für Banken oder für Versicherungen, weil Außenstehende dem Ansehen und Output dieser Branchen kopfschüttelnd gegenüberstehen. Denkbar sind auch Fach-Wirtschaftsprüfer für andere bedeutsame Branchen, z.B. Fach-WP für Brauereien oder für Zahnersatzhersteller.

Fach-Wirtschaftsprüfer für IFRS oder für US-GAAP oder Fach-WP für bestimmte komplizierte Sachverhalte (z.B. für Derivate) können sinnvoll sein. Weniger attraktiv erscheinen Fach-WPs für bestimmte Bilanzposten, es sei denn sie werden im Rahmen von Gemeinschaftsprüfungen (*Joint Audit*) eingesetzt. Eine echte Bereicherung für den Berufsstand wäre gegeben, wenn die Fach-Wirtschaftsprüfer nach einer speziellen Ausbildung anerkannt und zur Berechnung höherer Honorare oder Gebühren berechtigt sind.

2.4 Der Wirtschaftsprüfer als Verrechnungskünstler

2.4.1 Die Herausforderung

Die motivierende Botschaft vorweg: Selbst strenge Kritiker des Berufsstandes geben zu, dass Wirtschaftsprüfer im Allgemeinen keine Versager sind. Nur äußerst selten versagen sie als Abschlussprüfer ihr Testat[78]. Auf der anderen Seite müssen Abschlussprüfer von Unternehmen von öffentlichem Interesse sich dem Ansinnen von Nichtprüfungsleistungen versagen.

Wirtschaftsprüfer lassen sich eher als Verrechnungsexperten bezeichnen[79], weil sie sich fast täglich mit Verrechnungen verschiedener Art beruflich auseinandersetzen müssen. Sie haben namentlich bei der Abschlussprüfung auf Verrechnungsverbote und Verrechnungspflichten zu achten und deren Zulässigkeit und Auswirkungen zu beurteilen. Notwendigkeit und Bedeutung der Verrechnung werden nicht zuletzt dadurch dokumentiert, dass es keine Gebührenordnung für die Abschlussprüfung gibt.

[78] *Bierschaum*, Das Testat ist doch das Letzte, 3. Auflage, Frankfurt/München 1996, S. 15 und S. 258 ff.

[79] So ausdrücklich *Schwarzenbecker*, Der Kompensator, München 1994.

Da viele Mandanten in Bezug auf Verrechnungen große Kunstfertigkeiten zeigen, muss der Wirtschaftsprüfer die **Kunst der Verrechnung** beherrschen. Die Bezeichnung „Verrechnungskünstler“ ist also nicht abfällig gemeint[80]. Sie ist vielmehr durch die Fähigkeit des Wirtschaftsprüfers gerechtfertigt, Verrechnungsprobleme auch dann zu erkennen, wenn sie als „Saldierung“ bezeichnet werden.

Es gibt verschiedene Arten der Verrechnung. Die einfachste Form ist das simple **Falschrechnen**. Nach Adam Riese ist 2+2 = 4, doch ergibt auch 2x2 = 4. Wer zu anderen Ergebnissen kommt, hat sich verrechnet. Diese Feststellung ist in dem aufgeführten Beispiel einfach, kann aber bei komplizierteren Rechnungen, die mit verdeckten Unbekannten oder nicht geläufige Faktoren arbeiten, hohe Rechenkunst erfordern.

Mathematische Fehler sind für den Wirtschaftsprüfer nicht Fremdes, denn vier von drei Wirtschaftsprüfern, also fast 50 %, können nicht rechnen[81]. Das erklärt den Einsatz von mathematisch begabten Prüfungsassistenten, Taschenrechnern, zunehmender Digitalisierung und den hohen zeitlichen Aufwand für Abschlussprüfung oder Gutachtertätigkeit.

Die Prüfung, ob sich andere verrechnet haben, also die **nachvollziehende Verrechnung**, gehört zu den typischen Berufsaufgaben der Wirtschaftsprüfer. Sie fällt insbesondere im Rahmen der Abschlussprüfung an und wird mit Hilfe von Plausibilitätsprüfungen[82] oder durch Einsatz technischer Hilfsmittel (Abakus, Taschenrechner) einschließlich elektronischer Datenverarbeitung selbst bei mangelhaften Rechenfähigkeiten des Abschlussprüfers mit ausreichender Präzision gehandhabt.

Als anspruchsvollste Form der nachvollziehenden Verrechnung hat sich der Berufsstand die „Prüfung mit gebotenem Eifer“ (*Due Diligence*-Prü-

[80] Dem Wirtschaftsprüfer ist gemäß § 43a Abs. 3 Ziff. 7 WPO die künstlerische Tätigkeit gestattet.

[81] „Wenn ich rechnen könnte, wäre ich nicht Wirtschaftsprüfer geworden“. Bekenntnisse des Wirtschaftsprüfers P., München 1968.

[82] *Grünkern*, Der große Plausibilitätsangriff, Bremen 1997.

fung)[83] erschlossen[84]. Sie ist immer dann gefordert, wenn Intuition allein als Verrechnungsmodus nicht ausreicht, um existenzielle Entscheidungen gefahrlos für den Entscheider durchzusetzen. Während Intuition die Fähigkeit ist, eine Lage in Sekundenschnelle falsch zu beurteilen, ist *Due Diligence* die Kunst, eine Situation mit besonderer Sorgfalt irrtümlich einzuschätzen. Bezeichnend für diese Verrechnungskunst ist, dass dabei so viele Faktoren und Beteiligte einzubeziehen sind, dass Fehlschätzungen nicht zuordenbar sind.

Eine delikate Form der Verrechnung ist das „sich verrechnen" oder die **irrende Verrechnung**, die vom Falschrechnen abzugrenzen ist. Hier ist der Rechner Opfer der Verrechnung. Diese Art der Verrechnung gilt als die menschlichste. Die spektakulärsten Formen der irrenden Verrechnung sind im kaufmännischen Bereich die Prognosen von Jahres- und anderen Ergebnissen. Sie sind u.a. bei der Bilanzierung eines Unternehmenserwerbs[85] und dem damit verbundenen Erwerb eines Goodwills von besonderem Reiz.

Die für unsichere Wertansätze geforderte „vernünftige kaufmännische Beurteilung" stellt ebenfalls eine kompensatorische Verrechnung dar, da hierbei „positive und negative Erwartungen ggf. miteinander zu verrechnen" sind[86].

Im Rahmen der Rechnungslegung werden häufig Forderungen und Verbindlichkeiten, Aufwendungen und Erträge oder Verluste und Gewinne miteinander verrechnet. Diese Verrechnung von Posten des Jahresabschlusses heißt „**Saldierung**". Sie dient der Postendämpfung im Bilanzwesen und ersetzt die unübersichtliche Aussagekraft des Jahresabschlusses durch übersichtliche Trübung.

Saldierungen von Posten der Bilanz und der G+V sind grundsätzlich verboten. Es gibt aber ein Verrechnungsgebot für Pensionsverpflichtungen mit dem zugehörigen Deckungsvermögen. Als Verrechnungs-

83 Due Diligence lässt sich mit „gebührenpflichtiger Eifer" übersetzen.
84 Vgl. z.B. *Pföhler/Hermann*, Grundsätze der Durchführung von Umwelt Due Diligence, WPg 1997, S. 628 ff.
85 Vgl. IFRS 3.
86 *IDW* (Hrsg), WP-Handbuch 1996, E 89.

wahlrecht dürfen unter bestimmten Voraussetzungen Grund- und Sicherungsgeschäfte als. Bewertungseinheit zusammengefasst und damit verrechnet werden[87].

Gesetzlich vorgeschrieben ist die Verrechnung von konzerninternen Forderungen und Verbindlichkeiten im Konzernabschluss. Sie wird schamhaft als **Konsolidierung** bezeichnet. Die Verrechnung von konzerninternen Lieferungen und Leistungen hat auch dann zu erfolgen, wenn sie eine Gleichung mit zwei Unzufriedenen ist, weil der Lieferant den Verrechnungspreis für zu niedrig und der Leistungsempfänger die geforderte Gegenleistung für zu hoch hält.

2.4.2 Verrechnung als Berufsaufgabe

Im Zusammenhang mit der Abschlussprüfung sieht sich der Wirtschaftsprüfer mit vielen Verrechnungsfragen konfrontiert. Häufig werden Verrechnungen von subjektiven Zielvorstellungen des Rechners dominiert, die den Zwecken etwaiger Verrechnungsvorschriften konträr entgegenstehen[88].

Obwohl die Unternehmensleitung für die Richtigkeit des Abschlusses verantwortlich ist, kann es zur Aufdeckung von Fehlern oder Verstößen der Rechnungslegung durch den Abschlussprüfer kommen[89]. Wer damit nicht rechnet, hat sich möglicherweise verrechnet. Der findige Wirtschaftsprüfer wird bei solchen Unregelmäßigkeiten auf einer Korrektur bestehen oder zumindest eine Aufstellung der ungebuchten Prüfungsdifferenzen von der Geschäftsführung abzeichnen lassen[90].

Als einträglichste, aber oft heikelste Form der Verrechnung empfindet der Wirtschaftsprüfer die **Verrechnung honorarpflichtiger Stunden** auf die einzelnen Mandate. Die Herausforderung besteht darin, das Honorar mit seinem Auskommen und mit der Leidensfähigkeit des Mandanten in Einklang zu bringen. Bei besonders begehrten Mandaten kann die Ermittlung der verrechenbarer Honorarstunden und -sätze

87 § 246, Abs. 2 bzw. § 254 HGB.

88 *Lenz*, Ursachen der Windstille in den Vorstandsetagen, Düsseldorf 1987, S. 121 ff.

89 Stellungnahme HFA 7/1997: Zur Aufdeckung von Unregelmäßigkeiten im Rahmen der Abschlussprüfung, FN 1998, S. 7 ff.

90 Ergänzung des IDW-Prüfungsstandards 303.

schwierig sein. Es kommt vor, dass sensible Wirtschaftsprüfer mit dem angebotenen Drittel der üblichen Honorarsätze nicht zufrieden sind, wenn sie ein Viertel gefordert haben.

Bei der Honorarabrechnung auf Stundenbasis dürfen nicht mehr als 24 Stunden pro Tag angesetzt werden, wobei allerdings arbeitserfüllte Wochenende und Feiertage einbezogen werden können. Umstritten ist, ob angefallene nächtliche Arbeitsstunden zusätzlich in Rechnung gestellt werden können.

Für mandatsübergreifende Arbeiten wie Literaturrecherche, Seminarbesuche oder Bildungsurlaub, sollten gebührende Kostenanteile im Honorarsatz berücksichtigt werden, weil das dabei erlangte Wissen der honorarpflichtigen Berufsarbeit zugutekommt. Die Gesamtzahl der verrechneten Honorarstunden sollte jedoch die Lebenserwartung des Wirtschaftsprüfers und seiner Mitarbeiter nicht übersteigen.

2.5 Die Mandanten

Wirtschaftsprüfer, Anwälte, Steuer- und Unternehmensberater bezeichnen ihre Kunden oder Auftraggeber als „Mandanten", um den Wunsch nach standesgemäßen Honoraren zu betonen. Mit ihrem Einsatz als Mandatare[91] wollen sie den Mandanten voll für sich einnehmen, um ihn adäquat ausnehmen zu können. Merke: Auch der Wirtschaftsprüfer ist zum Überleben auf zahlungswillige und zahlungsfähige Auftraggeber angewiesen.

2.5.1 Die Zielgruppe

Als Mandanten des Wirtschaftsprüfers kommen hauptsächlich Unternehmen und Unternehmer in Betracht, doch können auch andere Organisationen oder Personen von ihm geprüft oder beraten werden. Um dem Mandanten eine attraktive Rundum-Dienstleistung anbieten zu können, muss der Wirtschaftsprüfer die „**Bestimmer**" bei den Mandanten kennen, die allfällige Prüfungs- und Beratungsaufträge vergeben. Für honorarreiche Mandate kommen als Bestimmer in erster Linie

91 Siehe dazu den historischen Roman von *Rankelmoser*, Mit den Beraterhorden zu den Mann-Tataren, München 1992.

Spitzenmanager in Betracht, die Rat suchen, wie sie die von ihnen (mit-) verursachten Probleme keinesfalls zu vertreten haben.

Bei kleinen und mittelständischen Unternehmen sind die Bestimmer i. d. R. die geschäftsführenden Gesellschafter. Sie sind in erster Linie an einer persönlichen Allroundbetreuung interessiert, die auf menschliche Neigungen, Nöte und Schwächen gebührend eingeht. Gelingt es dem Wirtschaftsprüfer, diese Erwartungen zu erfüllen, sind diese Mandanten gegenüber anderen Beratern weitgehend immun.

Bei börsennotierten Kapitalgesellschaften ist die Abschlussprüfung das typische Mandat des Wirtschaftsprüfers, das er zu erhalten und auszuweiten versucht. Die eigentlichen Bestimmer sind die im Hintergrund tätigen Vorsitzenden von Aufsichtsrat und Vorstand. Der Aufsichtsrat beauftragt den Abschlussprüfer, der vorher auf seinen Vorschlag von der Hauptversammlung gewählt wurde. Der Wahlvorschlag des Aufsichtsrats entspricht i.d.R. den dringenden Empfehlungen des Vorstands, damit kein empfindliches Organ der Gesellschaft verletzt wird.

Zur Akquisition sind frühzeitig Themen und Problemfelder, die en vogue sind, anzusprechen, bevor ihre Irrelevanz erkennbar wird. Im Übrigen müssen neue Begriffe im unternehmensspezifischen Kontext so adressiert werden, dass sie beim Mandanten den intensiven Wunsch nach umfassender Beratung auslösen (Kapitel D 3.3).

2.5.2 Mandats- und Mandantenschutz

Der Wirtschaftsprüfer verdankt dem Gesetzgeber die Enge seiner beruflichen Spielräume und seinen Mandanten seine Existenz. Dennoch wird in dem großen WP-Handbuch wenig über Art und Gemüt des Mandanten gesagt, wohl aber etwas über den Mandatsschutz geschrieben[92]. Dabei bleibt z.B. unerwähnt, dass der Wirtschaftsprüfer zur Absicherung seines Mandats nicht nur Kollegen, sondern auch WP-verwandte und exotische Berufsgruppen im Auge haben muss.

[92] *Institut der Wirtschaftsprüfer* (Hrsg.), WP-Handbuch 2006, Band I, Düsseldorf 2006, A 387 ff.

Achtsame Wirtschaftsprüfer beobachten mit Sorge die Hilflosigkeit ihrer Mandanten gegenüber dem Werben potenzieller Mandatare. Gerade die attraktivsten Mandanten reagieren oft arglos auf die Lockangebote berufsfremder Mandatsjäger. Um sie vor solchen Ausbeutern zu schützen, muss sich der verantwortungsbewusste Wirtschaftsprüfer als **Mandantenschützer** engagieren. Das verlangt, dass der Wirtschaftsprüfer seine anerzogene Zurückhaltung im Publikumsverkehr wenigstens partiell aufgibt.

Ein erster Schritt in die richtige Richtung sind eindringliche und nachhaltige Hinweise auf das akademisch fundierte hohe Ausbildungsniveau des Berufsstandes. Damit soll beim Mandanten eine unerschütterliche Ehrfurcht vor den Wirtschaftsprüfern installiert und dauerhaft wachgehalten werden, sodass er sich geniert, mit Nicht-Wirtschaftsprüfern über Prüfungs- oder Beratungsaufträge zu sprechen.

Hat sich die grundlegende Verehrung von Wirtschaftsprüfern beim Mandanten manifestiert, zielt der nächste Schritt darauf ab, diese generelle Hochachtung auf sich selbst zu konzentrieren. Sie soll zu der Gewissheit führen, dass die Einschaltung anderer Berater für den Mandanten ausgesprochen kontraproduktiv wäre.

Wer seinen Mandanten vor beratenden Wegelagerern schützen will, muss alle aktuellen Trends der Managementlehre und ihre Schlagworte in seinen Sprachschatz aufnehmen. Der Mandant erwartet von seinem Abschlussprüfer und Berater, dass er jeden Begriff der moderner Managementtheorie und der Bilanzlehre[93] erschöpfend erklären kann. Die notwendige Anschaffung einschlägiger Literatur macht sich für ehrgeizige Berufsangehörige schnell bezahlt.

Für einen wirksamen Mandantenschutz reicht es nicht aus, im Rahmen der Abschlussprüfung das Konto für Beratungsaufwendungen zu prüfen, um etwaige Seitensprünge des Mandanten festzustellen. Wenn die

[93] Es handelt sich fast immer um fremdsprachliche Bezeichnungen. Wo sie fehlen können eigene Kreationen sehr honorarfördernd wirken.

Buchhaltung à jour ist, können damit allenfalls die bereits eingedrungenen Berater geortet werden[94], die ihr Unheil schon angerichtet haben.

Letztlich ist nur ein **permanenter Kontakt** mit dem Mandanten auf allen gesellschaftlichen Ebenen erfolgversprechend. Um bedrohliche Beraterannäherungen im Rahmen gesellschaftlicher Einladungen auszumachen, muss der Wirtschaftsprüfer bei sämtlichen für den Mandanten reizvollen Events anwesend oder in greifbarer Nähe sein, um ambulanten Mandantenschutz zu leisten. Zur Not muss er anfällige Mandanten in dauerhafte Hege nehmen, indem er sich selbst oder wenigstens qualifizierte Mitarbeiter ganzjährig beim Mandanten einquartiert. Man spricht vom stationären Mandantenschutz.

2.5.3 Prüfungsintensive Einheiten (PIE)

Nach langem Ringen um verkraftbare Berufsbehinderungen hat die EU-Kommission im Juni 2014 eine geänderte Europäische Abschlussprüfungsrichtlinie (APRL) verabschiedet und zugleich eine EU- Verordnung zur Abschlussprüfung bei Unternehmen von öffentlichem Interesse (APVO) erlassen[95]. Vorspiel, Hauptakt und Abgesang der Abschlussprüfung werden damit dornenreicher gestaltet und mit opulenten Dokumentationen und delikater behördlicher Aufsicht gespickt.

Im Zentrum der neu kreierten Komplikationen steht die Abschlussprüfung bei **„Unternehmen von öffentlichem Interesse"**, d.h. bei kapitalmarktorientierten Unternehmen sowie bei CRR-Kreditinstituten[96] und Versicherungsunternehmen (§ 316a HGB). Für die 13-silbige Bezeichnung dieser noblen Unternehmensklasse lässt sich leider keine vernünftige deutschsprachige Abkürzung finden. „Uvöl" oder „UI" erinnern zu sehr an unangebrachte Ausrufe der Abscheu.

94 *Pfitzmann*, Naiver Mandantenschutz, Köln 1988. Vorauszahlungen an Berater, die zu einer frühzeitigen Entdeckung führen könnten, kommen relativ selten vor.

95 Richtlinie 2014/56/EU zur Änderung der Richtlinie 2006/43/EG (Abschlussprüfungsrichtlinie) und VO (EU) Nr. 537/2014 (ABl L158/196 ff. bzw. L158/77 ff.). Beide Regelungen treten am 16. Juni 2014 in Kraft. Die 59 Richtlinie ist bis zum 17. Juni 2016 von den Mitgliedstaaten in nationales Recht umzusetzen. Die unmittelbar verbindliche Verordnung gilt ab dem 17. Juni 2016.

96 CRR-Kreditinstitut ist im Bankwesen ein Unternehmen, das Einlagen oder andere rückzahlbare Gelder des Publikums entgegennimmt und Kredite für eigene Rechnung gewährt.

Im Englischen spricht man von *Public Interest Entity* und verwendet dafür die sprachlich verdaubare Abkürzung „PIE". Entsprechend dem anglophilen Anlehnungsbedürfnis deutscher Rechnungsleger ist diese Abkürzung in der einschlägigen Literatur inzwischen so populär wie „SOS". Sie könnte für „Prüfungs-intensive Einheiten" stehen. Man kann sie aber auch als Gütesiegel für extensive Abschlussprüfungen mit „Prüfung von imposanter Exzellenz" übersetzen.

Die neu verordneten Umständlichkeiten für die PIEs und die Härten für ihre **Abschlussprüfer** betreffen deren Auswahl, das Verbot von Nicht-Prüfungsleistungen, die Begrenzung der Mandatslaufzeit, höhere Haftungsgrenzen und eine erweiterte Berichterstattung. Außerdem wird der Abschlussprüfer durch den Prüfungsausschuss noch stärker in die Zange genommen (Kapitel B 2.5.4).

Der Abschlussprüfer wird wie bisher von den Unternehmenseigentümern bestellt, doch muss er bei einem PIE besonders umständlich ausgewählt werden. Der Wahlvorschlag des Aufsichtsrats an die Hauptversammlung muss sich auf eine Empfehlung des Prüfungsausschusses stützen, der bei PIEs zwingend vorgeschrieben ist.

Der Prüfungsausschuss hat ein **Auswahlverfahren** vorzuschalten, das mindestens zwei Wirtschaftsprüfer oder Wirtschaftsprüfungsgesellschaften einschließt. Dazu kann das Unternehmen beliebige Wirtschaftsprüfer von der Straße holen oder aus dem aktuellen WP-Verzeichnis herauspicken. Sie müssen nur vom Unternehmen und seinen Organmitgliedern unabhängig sein und dürfen für das Unternehmen in dem zu prüfenden Geschäftsjahr keine verbotenen Nichtprüfungsleistungen erbracht haben.

Das Auswahlverfahren kann frei gestaltet werden, z. B. als Lotterie, als Happening oder als sportlicher Wettbewerb. Das Unternehmen darf im Laufe des Verfahrens direkt mit den Bietern verhandeln, z. B. über das Honorar oder über die Benutzung des Betriebsrestaurants oder die Bereitstellung von Energie zum Aufladen der prüfereigenen Laptops und Handys.

Ein Prüfungsausschuss von Format wird bei seiner Selektierung die gesetzlichen Anforderungen für die Akzeptanz des Abschlussprüfers (§ 319 HGB) durch unternehmensspezifische Auswahlkriterien komplettieren. So können z. B. mundartliche Sprachkenntnisse, bestimmte Körper-, Hut- oder Schuhgrößen[97], Kampfsport- oder forensische Erfahrungen oder musische Begabungen der Prüfer[98] gefordert werden.

Die Wahlempfehlung des Prüfungsausschusses muss mindestens zwei Vorschläge für das zu vergebende Prüfungsmandat enthalten und die Präferenz für einen bestimmten Abschlussprüfer zum Ausdruck bringen. Die Vorliebe sollte begründet werden, z. B. mit dem Ansehen der Prüfungsgesellschaft oder dem Aussehen des verantwortlichen Prüfungspartners. Will der Aufsichtsrat vom Wahlvorschlag des Prüfungsausschusses abweichen, muss er dies gegenüber der Hauptversammlung begründen, z. B. wegen eines irritierenden Nasenpiercings des vorgeschlagenen Prüfers.

Abschlussprüfern von PIE sind **Nichtprüfungsleistungen** für das zu prüfende Unternehmen grundsätzlich untersagt. Die dadurch brachliegenden Kompetenzen des Abschlussprüfers betreffen die Steuer-, Rechts-, Finanz- und Personalberatung sowie Bewertungsleistungen, d. h. alle höheren Dienstleistungen, zu denen Wirtschaftsprüfer ebenfalls befähigt sind und ausgebildet wurden.

Für das PIE lautet das nüchterne Fazit: Der Abschlussprüfer ist zu allem fähig, aber als Berater oder Bewerter nicht zu gebrauchen. Das nicht mehr zugängliche Knowhow und die tabuisierten Dienstleistungen muss das PIE , ggf. unter Zurückstellung wichtiger Investitionsvorhaben, anderweitig teuer erkaufen.

Der Abschlussprüfer eines PIE muss sein prüfungsfremdes Know-how vor Beginn seiner Prüfungstätigkeit an der Garderobe abgeben, um unbelastet seine kritische Grundhaltung gegenüber der Rechnungslegung und ihren Erstellern einnehmen und beibehalten zu können. Um die Abstinenz des Abschlussprüfers zu kontrollieren, sollte der Prü-

97 Wichtig z.B. für die Bereitstellung von Sicherheitskleidung.

98 Zum Beispiel: um den Finanzchef zum Singen zu bringen.

fungsausschuss eines PIE von Zeit zu Zeit unangekündigt die vom Abschlussprüfer und seinen Mitarbeitern genutzten Räumlichkeiten und Schließfächer nach belastendem Material durchsuchen. Verdächtig sind z.B. Handbücher für Managementtechniken, Referenzlisten für Steuersparmodelle oder Organigramme für unübersichtliche Konzernstrukturen[99].

Damit Abschlussprüfer trotz der genannten Restriktionen nicht zu viel honorarträchtige Zeit mit Prüfungshandlungen vergeuden, ist ihnen beim PIE eine vierfache Berichterstattung verordnet worden. Über den „zusätzlichen Bericht an den Prüfungsausschuss" und den erweiterten Bestätigungsvermerk hinaus müssen sie die zuständige Aufsichtsbehörde unterrichten, wenn das geprüfte Unternehmen verbotene oder nicht zugelassene Tätigkeiten ausübt, die Fortführung des Unternehmens gefährdet ist oder wenn der Bestätigungsvermerk eingeschränkt oder versagt wird. Außerdem muss der Abschlussprüfer zur Durchsichtigkeit seiner Tätigkeiten einen sog. Transparenzbericht erstellen.

Bei Unternehmen von öffentlichem Interesse muss der Abschlussprüfer spätestens nach 10 Jahren ausgewechselt werden. Die vom deutschen Gesetzgeber zunächst wahrgenommenen EU-Wahlrechte für die **Rotation der Abschlussprüfer**, die den unerbittlichen Austausch abmildern sollten, wurden als Reaktion aus dem Wirecard-Skandal (Kapitel D 1.2) aufgehoben.

Die brutale Abschiebung langjährig genutzter Abschlussprüfer hat zur Folge, dass die im Laufe des Prüfungsmandats erlangten Kenntnisse des Abschlussprüfers über die latenten Stärken und Schwächen des geprüften Unternehmens und seines Managements mit dem Prüferwechsel verloren gehen. Ein frisch bestellter Abschlussprüfer muss sich solche intimen Einblicke erst verschaffen, was wegen seiner begrenzten Besuchszeiten bis zu drei Prüfungsperioden beanspruchen kann.

Der Verordnungsgeber hat aber nicht nur den Wissensverlust, sondern vor allem die seelischen Nöte des ausgestoßenen Abschlussprüfers völ-

[99] Derartiges Verdachtsmaterial wurde Anfang 2015 bei einer Durchsuchung in ausgewählten DAX- und MINIMAX-Unternehmen entdeckt.

lig außer Acht gelassen. Dieser verliert ein gewohntes soziales Arbeits- und Umfeld und einige der wenigen für ihn zulässigen menschlichen Kontakte. Immerhin hat der für die Auswechslung verwandte Begriff „Rotation" (= kreisförmige Bewegung) etwas Tröstliches, weil er an eine Wiederkehr glauben lässt. Aber die APVO-Rotoren drehen langsam: die Vertriebenen dürfen frühestens nach vier Jahren in das einst vertraute Milieu zurückkehren, das nach dieser Zeit allerdings kaum wiederzuerkennen sein dürfte.

Viele Abschlussprüfer leiden bereits als Folge der sog. internen Rotation[100] unter Haarausfall, Schluckauf oder Appetitlosigkeit. Bei der schärferen externen Rotation muss mit ernsthaften Beschwerden wie Potenzproblemen, Niedergeschlagenheit oder Mordlust gerechnet werden[101]. Der vorgeschriebene *Turn-out* darf nicht zum *Burn-out* des Ausgestoßenen führen. Daher sind alle Abschlussprüfer-Netzwerke aufgerufen, Selbsthilfegruppen und anderweitige psychologische Betreuung für entwurzelte Abschlussprüfer zu organisieren. Darüber hinaus könnte das bisher geprüfte Unternehmen mit der Vergabe von Nichtprüfungsleistungen an den ausgeschiedenen Abschlussprüfer wirksam helfen.

Die externe Rotation ruft nach **kreativen Neugestaltungen** der beruflichen Arbeit des Wirtschaftsprüfers, zumal von keiner Stelle Überbrückungsgelder gezahlt werden. Er muss lernen, wie man eingefahrene Gleise souverän verlässt und mutig zu unbekannten Territorien aufbricht. Immerhin bezeugen viele uneingeschränkte Prüfungstestate die Abenteuerlust des Wirtschaftsprüfers. Erlöst von mehrjährigen Mandatsbindungen können freigestellte Abschlussprüfer ihr Akquisitionstalent trainieren oder ausleben, indem sie ihre Dienste anderweitig anbieten oder ihrem ehemaligen Mandanten Nichtprüfungsleistungen offerieren.

Im Übrigen sollte der frei gewordene Abschlussprüfer die bei der Rotation unvermeidbaren Aus- und Wartezeiten zur Vervollkommnung seiner

[100] Nach sieben Abschlussprüfungen ist der verantwortliche Wirtschaftsprüfer innerhalb der Wirtschaftsprüfer-Sozietät oder Prüfungsgesellschaft durch einen Berufskollegen zu ersetzen (§ 319a Abs. 1 Nr. 4 HGB).

[101] Brandaktuell: *Sodbrenner*, Rotationskrankheiten – Symptome, Diagnose und Therapie; Band I Symptome, Hamburg 2015.

beruflichen Qualifikation oder seiner Neigungen nutzen, also z. B. zur Fortbildung, für künstlerische Tätigkeiten oder sozialen Engagements, zu Fernreisen oder nicht zuletzt als Möglichkeit, seine Familie, insbesondere die Kinder, näher kennen zu lernen.

Berufskollegen mit schriftstellerischen Neigungen können sich ausgiebig literarischen Arbeiten widmen. Die Nachfrage nach Fachautoren auf dem Gebiet der Rechnungslegung ist ungebrochen. Neben den unaufhörlichen Änderungen der Vorschriften wird der Literaturbetrieb zusätzlich dadurch unter Dampf gehalten, dass jeder renommierte Fachverlag mindestens drei Kommentare oder Monographien zu ein und demselben Thema herausbringt[102]. So entstehen bereits in einem einzigen Verlag herrschende Ansichten und beachtliche Gegenmeinungen, die von Auflage zu Auflage tradiert oder zur Rechtfertigung einer revolutionären Neuauflage aufgegeben oder revidiert werden[103]. Siehe auch Kapitel 3.3.

[102] Auf die Nennung von Beispielen wird verzichtet, um nicht den Rahmen des Beitrags zu sprengen. Es müssten mindesten zehn Fachverlage und über 30 Veröffentlichungen zitiert werden.

[103] Vgl. die Untersuchungen *Institut zur Bildung herrschender Meinungen* (IBhM), Kreuther Fachblätter 2015, S. 19 ff.

3 Kommunikation

3.1 Soziolekte

Jeder gesellschaftliche Kreis pflegt seinen eigenen Soziolekt, der sich von der gemeinen Redeweise der Außenstehenden abhebt. So wird z.B. ein Arzt nie über Schnupfen, Halsschmerzen oder Zipperlein klagen; er leidet an Katarrh, Angina oder Podagra. Ausdrücke, die der Alltagssprache fremd sind, verraten den Spezialisten. Wer den Dialekt eines Fachbereichs so komplett beherrscht, dass er dessen markante Redewendungen bei jeder Äußerung wie Brillanten aufblitzen lässt, gilt unbesehen als Experte. Experten werden überall gesucht, wo man Verantwortung loswerden will.

Auch die Rechnungsleger offenbaren ihre Expertise und Befindlichkeiten durch spezifische Idiome. Im Besonderen gilt das für ihre auf Distanz bedachte Avantgarde, also für Topmanager und Aufsichtsräte, aber auch für Abschlussprüfer.

Wichtig sind **aktuelle Ausdrücke**. Die Zeiten, in denen Topmanager mit Ausdrücken wie „*Cashflow*" oder „*Shareholder Value*" punkten konnten, sind mit der Finanzkrise 2007/2008 zu Ende gegangen[104]. Topmanager, die *up to date* sind, beeindrucken ihre Zaungäste mit aktuellen Begriffen wie „*Governance, Risk-Management* und *Compliance*". Auch „Künstliche Intelligenz" (*artificial intelligence*) ist heute stark gefragt, weil die natürliche Intelligenz zu wünschen übriglässt (Kapitel C 3.4).

„*Governance*" bezeichnet die heillose Neurose, die viele Aufsichtsräte und Führungskräfte wie Heuschnupfen tapfer ertragen[105]. Risk-Management ist das verklausulierte Eingeständnis der Topmanager, dass kein Geschäft des Unternehmens ohne Risiko getätigt wird. „*Compliance*" meint die Regeltreue des „ehrbaren Kaufmanns", der Unternehmensleitern und Aufsichtsräten ein Vorbild sein soll[106]. Die mehrfache Nutzung

---

104 *Stumpferfeld, Ausdrücke, die bei Abdruck Eindruck machen, Frankfurt, 3. Auflage 2010, S. 41*

105 Vgl. *Murxeneder*, Heillose-Neurose-Opfer (HNO), Medizinische Rundschau 2016, S. 2339.

106 Vorschläge der Regierungskommission Deutscher Corporate Governance Kodex vom 13.10.2016.

angloamerikanische Lehnwörter wie *„Audit Committee“*[107] oder *„Overboarding“*[108] kennzeichnen den alerten Überwachungsprofi.

Ein wesentliches Element des gehobenen Soziolekts sind ungeläufige Abkürzungen wie „PIE“ für *Private Interest Entity* oder Unternehmen von öffentlichem Interesse, „CSR“ für *Corporate Social Responsibility* oder „ESG“ für *Environmental Social Governance.*

3.2 Der Fachjargon

Der auf Reputation bedachte Wirtschaftsprüfer muss als „Berater der Wirtschaft“[109] ständig besorgt sein, dass sein fachlicher Wortschatz auf aktuellem Stand ist, da sich die attraktiven Begriffe durch dauernde Nutzung oder Überdruss schnell verschleißen und ständig durch neue Ausdrücke ersetzt werden. Im modernen Wirtschaftsleben vermag nur der zu überzeugen, der mit zeitgemäßer Diktion und Schlagwörtern so selbstverständlich umzugehen versteht wie Spitzenmanager mit ihren Privilegien. Heute werden selbst Laien misstrauisch, wenn Fachleute einen Satz ohne ein einziges Fremdwort aussprechen. Der im Trend rudernde Wirtschaftsprüfer erstaunt bei allen beruflichen Äußerungen durch respektable Fachausdrücke.

Auffällig ist, dass betriebswirtschaftliche Aussagen wie Schlagertexte in deutscher Sprache häufig banal oder kitschig klingen, aber bei gleichem Inhalt im Englischen tiefgründig und im Französischen charmant anmuten. Altdeutsche, wenn auch zutreffendere Bezeichnungen für managementnahe Sachverhalte sind allenfalls noch bei Pensionärs-Treffen angebracht. Wer sie gebraucht, sieht alt aus.

Das moderne **Bilanz- und Managerlatein** ist Uneingeweihten schon deshalb schwer zu vermitteln, weil es nicht aus lateinischen, sondern vornehmlich aus englischen Ausdrücken besteht. Wer auf der Höhe der Zeit sein und Spitzenkräfte der Politik und Wirtschaft ernsthaft beein-

107 Professionell anmutende, aber irreführende Bezeichnung für die Prüfungsausschuss des Aufsichtsrats.

108 Ungesunde Anhäufung von Aufsichtsratsmandaten.

109 Ein von Wirtschaftsprüfern gern benutztes Synonym für Ihresgleichen. Vgl. auch den Untertitel der Zeitschrift „Die Wirtschaftsprüfung“

drucken will, zersetzt seine Sprache mit angloamerikanischen Bezeichnungen und versprüht damit den Flair der Internationalität. Außerdem sind fremdsprachliche Begriffe mit der Illusion wissenschaftlicher Prägnanz und Aktualität verbunden, obwohl sie nur in Ausnahmefällen einen zutreffenden Rückschluss auf ihren eigentlichen Inhalt gewähren. Präzisere deutsche Fachbegriffe sind schlicht out.

Ein berufsnahes Beispiel attraktiver Sprachschöpfung ist der Begriff „*Fair Value*", der im deutschen Bilanzrecht mit „beizulegender Zeitwert" übersetzt wird. Die Bezeichnung *Fair Value* wird unbewusst mit *Fair Play* assoziiert. Ihre zwanghafte Proklamation verdrängt, dass „fair" in der undurchsichtigen Finanzwelt „Markt" bedeutet, sodass *Fair Value* nicht einen fairen Wert, sondern den „Marktpreis" meint.

Der verbreiteten Anbetung des *Fair Value* tut es keinen Abbruch, dass unfairer Weise in den meisten Bewertungsfällen gar kein Marktpreis vorliegt. Daher wird sehr viel darüber geschrieben, unter welchen mehr oder weniger subjektiven Annahmen und Prämissen der nirgends sichtbare Fair Value ermittelt werden kann. Für das Resultat wäre eher die Bezeichnung „*Fairy Value*" (= Märchenwert) angebracht, um seinen dürren Anhaltspunkten eine romantische Note zu verleihen.

Abschlussprüfern, die ihren Prüfungsbericht in deutscher Sprache abfassen, wird zur Veredelung ihrer Ausführungen empfohlen, zumindest für alle Schlüsselbegriffe die englischen Bezeichnungen hinzuzufügen.

3.3 Fachliteratur

3.3.1 Die Flut

Die Fülle des Lesestoffes, die einem normalen Wirtschaftsprüfer zugemutet wird, übertrifft das menschlich Fassbare. Zu umfangreichen Gesetzes- und Richtlinientexten mit kurzer Halbwertzeit kommt eine Flut mehrbändiger Kommentare und unzähliger Zeitschriftenaufsätze. Auch das Institut der Wirtschaftsprüferproduziert eine ausführliche fachliche Verlautbarung nach der anderen.

Die **Fabulierlust** der akademischen und der prüfenden Bilanzprofis wird durch agile Verleger zusätzlich angestachelt. Jeder Fachverlag veröffentlicht jährlich mindestens einen neuen oder aktualisierten Kommentar zur handelsrechtlichen Rechnungslegung. Verlage, die sich dem Bilanzrecht besonders verpflichtet fühlen, publizieren sogar drei oder mehr Kommentare, die sich hauptsächlich durch die Bezeichnung „Kommentar", „Handbuch" oder „Leitfaden" unterscheiden. Sie alle müssen in höchstens zweijährigem Turnus aktualisiert werden. Das biete fleißigen Autoren die Chance, mit der 3. Auflage den Gegenstand der Kommentierung zutreffend darzustellen und ihre anfangs konfusen Erläuterungen zu präzisieren.

Um möglichst aktuell zu sein, müssen moderne Bilanzbücher im **Fast-Close-Verfahren** produziert werden, das sich bei der Aufstellung und Prüfung der aufwendigen Abschlüsse der DAX-Unternehmen bewährt hat.[110] Drei Viertel der generell knapp bemessenen Herstellungsdauer eines Buches benötigt der Verlag für die Ablagerung der Manuskripte durch das Lektorat[111] und für das in letzter Minute erstellte Layout der Druckvorlagen. Da weitere 20 % für Druck und Bindung in Fernost und für den anschließenden Transport nach Mitteleuropa beansprucht werden, stehen den Autoren maximal 5 % der veranschlagten Produktionszeit zur Verfügung, um das druckreife Manuskript anzufertigen und in das vom Verlag vorgegebene Format zu pressen.

Wegen der kurzen Fertigungszeiten kann die Unhandlichkeit der Bilanzhandbücher[112] nur von Autorenkollektiven bewerkstelligt werden. Vielfach reicht die verkürzte Schreibdauer gerade aus, um den aktuellen Gesetzestext abzuschreiben und mit der leicht verfremdeten Gesetzesbegründung zu kommentieren. Sie lässt jedoch kaum Zeit, um Lücken, Unklarheiten und andere Schwächen des Gesetzes oder nützliche Winkelzüge aufzuspüren. Zur Arrondierung dienen ausführliche Literaturverzeichnisse, deren Volumen den Umfang eigenständiger Gedanken übertreffen.

---

110 *Günkel*, Schnellschluss der Rechnungslegung - Methoden, Hemmnisse und Risiken, 7. Auflage, Frankfurt 2007

111 Wie in der Käseproduktion reifen die ursprünglich aktuellen Manuskriptinhalte durch längere Liegezeiten und die damit verbundene Schimmelbildung.

112 Jeder Abonnent von Loseblattwerken weiß, dass bei Ergänzungslieferungen immer mehr Seiten einzuordnen als herauszunehmen sind.

Um die Kaskade des Fachschrifttums zu bewältigen, muss der Berufsangehörige sein **Lesekontingent** auf das notwendige Minimum zu beschränken. Der unvermeidliche Lesestoff richtet sich nach dem Reifegrad des Berufsangehörigen. Vor dem WP-Examen sind andere Wissensquellen gefragt als nach der Ernennung zum Partner einer großen Wirtschaftsprüfungsgesellschaft.

Dem **Berufsanfänger**, dem aus dem gerade abgeschlossenen Studium genug Rudimente der fachlichen Literatur in Erinnerung sein sollten, um in Fachgesprächen verhalten mitreden zu können, wird vor allem das Studium der Reisekostenordnung seines Arbeitgebers empfohlen. Die optimierte Anwendung dieser Vorschriften ermöglicht den Nachwuchskräften der Wirtschaftsprüfer trotz geringer Anfangsgehälter einen angemessenen Lebensstandard.

Für das **WP-Examen** sind die frischen IDW-Stellungnahmen und IDW-Prüfungsstandards, die jüngsten höchstrichterlichen Urteile und vor allem die neuesten Kreationen aus dem Modehaus des IASB in Augenschein zu nehmen[113]. Hilfreich ist ferner der zupackende Umgang mit dem Stichwortverzeichnis der Schönfelder-Gesetzessammlung. Im Übrigen genügt die Durcharbeitung eines gegenwartsnah veröffentlichten Bilanzkommentars von mindestens 1,5 kg Gewicht und 1.800 Seiten.

Vor einer vollständigen Lektüre der aktuellen IAS/IFRS-Sammelbände muss wegen der starken Nebenwirkungen (z.B. geistige Verwirrung oder Suizidgefährdung) dringend gewarnt werden. Sie sind ohnedies nicht vollständig, weil nach Redaktionsschluss weitere Normenänderungen erfolgen, die aktuell anzuwenden sind.

Nach dem bestandenen WP-Examen beginnt für **Wirtschaftsprüfer** das arbeitsteilige und auf den Einzelfall orientierte Leseverhalten. Die Lektüre der anzuwendenden Bilanzrezepte kann man dem Prüfungsassistenten überlassen. Das dient dessen Fortbildung. Der Wirtschaftsprüfer konzentriert sich auf die Kurznachrichten über neue Einfälle des Gesetzgebers oder Standardsetzers. Im Übrigen widmet er sich den gängigen

[113] Eine darüberhinausgehende Lektüre von Fachzeitschriften verwirrt den Examenskandidaten mehr als sie nützt.

Gemeinplätzen, wie sie sich in den Bestsellern der Wirtschaftsliteratur, aber auch in Managermagazinen oder sogar in dem Wirtschaftsteil renommierter Tageszeitungen breit machen. Sie werden für die Diskussion mit den Aufsichtsrats- und Vorstandsmitgliedern gebraucht.

Ein noch unerschlossenes Potenzial liegt in der Produktion von Hörbüchern, die auf Dienstreisen oder während der Prüfung, z. B. mittels MP-3-Player, bequem abgehört werden können. Zunehmend leisten Webinare wertvolle Aufklärungsarbeit.

3.3.2 Der Wirtschaftsprüfer als Fachautor

Im harten Konkurrenzkampf haben Berufsangehörige den Promotions- und **Werbewert** von selbst verfassten Broschüren und Kommentaren zum Bilanzrecht erkannt. Immer mehr Wirtschaftsprüfer können die Tinte nicht halten und produzieren Vorlagen für ein wertvolles Druckerzeugnis nach dem anderen.

Nach der jüngsten Erhebung[114] sind etwa 69,3 % der Wirtschaftsprüfer vollzeitlich mit dem Abfassen von Fachbeiträgen befasst, die teilweise unter ihrem oder mit dem Namen ihrer hierarchisch höher gestellten Kollegen publiziert werden. Von den verbleibenden 30,7 % sind 10,5 % mit Seminaren zur Rechnungslegung, 7,8 % mit der Qualitätskontrolle ihrer Kollegen (Peer Review), 3,5 % mit Gutachten verschiedener Art, 3,4 % mit der Internationalisierung ihrer Organisation und 2,1 % mit Verbandsarbeit beschäftigt. Bringt man Kranke und sonst behinderte Berufsangehörige in Abzug (ca. 0,8 %), so stehen immerhin 2,6 % der Wirtschaftsprüfer für die Beaufsichtigung der Abschlussprüfungen und Testaterteilung zur Verfügung.

Jede Fachzeitschrift publiziert zu einem Thema mindestens drei Fachaufsätze und jeder Fachverlag von Rang editiert zu demselben Thema mindestens zwei Werke. Das erspart dem Lektor eine Auswahl, die eine kritische Durchsicht der Manuskripte voraussetzen würde[115]. Auf der

[114] *Bolte*, Die Beschäftigungsstruktur der prüfenden Berufe – eine empirische Studie, 3. Auflage, Düsseldorf 2006.

[115] Die wichtigste Aufgabe der Lektoren besteht darin, für unterscheidungsstarke, wenn möglich zielgruppenspezifische Buchtitel zu sorgen, die aber dennoch auf denselben Inhalt schließen lassen.

anderen Seite verwendet der rationell arbeitende Autor ein und dieselbe Ausarbeitung für mehrere Veröffentlichungen, indem er die Textmodule unterschiedlich zusammensetzt und seine ganze Kreativität auf die Abwandlung bereits veröffentlichter Formulierungen konzentriert.

Der einschlägige Gesetzestext und seine offizielle Begründung bilden den **Stoff**, aus dem die Bilanzkommentare gemacht sind. Camouflierte Auszüge aus früherenn Kommentaren lockern die oft verkrampft wirkende Abschrift der erwähnten Vorlagen auf. Eine Auswertung von zeitgenössischen Fachbeiträgen ist mühevoll und bleibt den nachfolgenden Auflagen vorbehalten. Dies darf allerdings ihre Zitierung im Literaturverzeichnis nicht ausschließen.

Für den benutzerfreundlichen Kommentar gilt die Devise: „Ein guter Kommentar muss jedem etwas bieten“. Marktgängige Kommentare enthalten mindestens 11 von 6 möglichen Interpretationen. Sie vermeiden absolute oder eindeutige Meinungsäußerungen und bezeugen damit geistige Beweglichkeit. Welcher unter Testatdruck stehende Wirtschaftsprüfer möchte im unpassenden Moment mit seiner eigenen Meinung konfrontiert werden?

Wissenschaftlich anspruchsvolle Kommentare vermeiden eindeutige Statements, da sich die Autoren vor Etablierung einer herrschenden Meinung nicht festlegen möchten. Anspruchsvolle Kommentare sind ferner durch zahl- und umfangreiche Fußnoten gekennzeichnet, um die sich der Text rankt. Ab der dritten Auflage wird die durch gegenseitiges Zitieren entstandene herrschende Meinung hervorgehoben, die allerdings durch die schnelle Vergänglichkeit der Rechnungslegungsnormen oft kurz nach der Drucklegung überholt ist.

Von diesen Äußerlichkeiten abgesehen werden Autorität und Reputation eines Kommentars durch unhandliches Format, ansprechende Farben des Einbandes und erdrückendes Gewicht bestimmt. Nur Kommentare über 1,5 kg haben Gewicht. Damit soll das leichtfertige Mitführen solcher Handbücher auf Reisen unterbunden werden.

Der wertvollste literarische Beitrag des Wirtschaftsprüfers ist sein Prüfungsbericht als Abschlussprüfer. Diese Kostbarkeit wird in Kapitel D 2.3 behandelt.

3.3.3 Das Problem obsoleter Bilanzliteratur

Immer wieder werden umfangreiche Werke der Bilanzliteratur obsolet. Der Ausbau der Fachbibliotheken und Bücherregale stößt in vielen Fällen räumlich und in Bezug auf die zulässige Deckenbelastung an ihre Grenzen. Insofern wäre eine staatliche Abwrackprämie für die Entsorgung überholter Fachliteratur gerechtfertigt. Sonst bleiben Wirtschaftsprüfer und ihnen nahestehende Institute auf dem großen Haufen archaischer und nutzloser Bilanzliteratur sitzen und werden eines absehbaren Tages von einstürzenden Büchergestellen begraben.

Das Problem vollgestopfter Bücherregale und Bücherstuben, das durch die Sammelleidenschaft bibliophiler Bilanzexperten und den unkalkulierbaren Auswurf von Schriften zur internationalen Rechnungslegung immer größer wird, ist wegen fehlender Entsorgungsmöglichkeiten höchst prekär, zumal die voluminösen Bilanzbücher allen Zerreißproben hartnäckig widerstehen. Es gibt nicht genügend wasserdichte Bergstollen[116], in die die überholten Literaturbestände eingelagert werden könnten. Eine Zwischenlagerung in leerstehenden Büroräumen, deren Insassen im Homeoffice tätig sind, ist zu teuer und kurzlebig. Da es auch an geeigneten Verbrennungsstätten mangelt,[117] ist mittelfristig eine klima- und umweltschonende Einäscherung der Altliteratur gar nicht möglich.

Raumsparende elektronische Medien (Datenbanken, CD-ROM, E-Books) sind keine attraktive Alternative. Ihnen fehlt die Ästhetik, das dekorative Element und das Wohlgefühl, das Bücher ihrem Besitzer vermitteln. Sie sind weder als Stütze wackeliger Möbelstücke noch als Papierbeschwerer tauglich. Vor allem aber ist die Lebensdauer der elektronischen Datenträger ungewiss und mit geschätzten 10 bis 50 Jahren lächerlich kurz. Temperaturschwankungen und Sonnenlicht lassen die CD-ROM noch schneller altern. Daten auf Papier und Pergament halten bedeutend länger und sind für die Bewahrung des Geldkulturerbes wesentlich besser geeignet.

---

116 Zur Problematik siehe *Lenz-Pumpe*, Der Wasserdrang der Salzstöcke. Hannover 2009.

117 *Brandstetter*, Die Knappheit umweltfreundlicher Müll- und anderer Verbrennungsanlagen, Stuttgart 2007, S. 185.

4 Der WP im Himmel[118]

Zum vertiefenden Verständnis und überirdischen Anreiz für den Wirtschaftsprüfer-Beruf soll das Kapitel über „Das Phänomen der Wirtschaftsprüfer" mit einem Blick über den Erdkreis hinaus abgerundet werden. Die Mut machende Legende über einen ehrenwerten Berufskollegen im Himmel eignet sich besonders zum Vorlesen für Nachwuchskräfte und WP-Aspiranten beim Frühstück oder vor dem Schlafengehen.

Der Wirtschaftsprüfer Franz Buchbichler, 43 Jahre alt, erledigte einen Prüfungsauftrag in solcher Hast[119], dass er beim Testat vom Schlag gerührt zu Boden sank und starb. Die Schwerkraft der IFRS-Ausgabe[120], die er gerade in Händen hielt, ließ ihn unglücklicherweise durch die Erwartungslücke direkt in den Höllenschlund und vor des Teufels Großmutter fallen, die dort aushilfsweise den Pförtnerdienst versah.

Das aufs Höchste erschrockene Teufelsweib fragte den so tief gefallenen Franz Buchbichler unwirsch nach seiner Herkunft und Legitimation. Bevor dieser seine Berufsbezeichnung „Wirtschaftsprüfer" voll aussprechen konnte, wurde ihm energisch bedeutet, dass die höllische Abteilung „Wirtschaft" wegen Überfüllung geschlossen wäre. Auch in anderen Abteilungen, die man teuflischer Weise für Wirtschaftsprüfer vorsehen könnte, wäre beim bösesten Willen kein Platz mehr.

Franz Buchbichler, als Abschlussprüfer zu kritischer Grundhaltung erzogen, bestand auf einer persönlichen Inaugenscheinnahme. Bezüglich der angezeigten Überfüllung machte er geltend, dass er aus seinen Examenserfahrungen wisse, dass man Höllenqualen ins Unendliche steigern könnte. Dieses Bekenntnis beeindruckte des Teufels Großmutter nicht wenig. Sie gestattete Franz einen Blick auf das höllische Gedränge seiner verstorbenen Mandanten und anderer Spitzenkräfte der Wirtschaft, ohne ihm jedoch Einlass in den überquellenden Höllenpfuhl zu gewähren. Stattdessen erklärte sie mit teuflischer Bosheit, dass man in

---

118 Angeregt durch *Ludwig Thoma*, Ein Münchner im Himmel.

119 In Fachkreisen spricht man von „Fast Close"

120 IASB, International Financial Reporting Standards (IFRSs) as at 31 March 2004, London 2004, 2250 Seiten.

der Hölle keinen gebrauchen könne, der als Abschlussprüfer für andere Leute stets die Kohlen aus dem Feuer geklaubt habe. Man könne ihn allenfalls an das Fegefeuer verweisen.

Der Chefheizer des Fegefeuers gewährte Franz, der hartnäckig auf der ihm zustehenden Läuterung bestand, einen auf drei Tage befristeten Aufenthalt im Fegefeuer, mit der teuflischen Begründung, er hätte als Wirtschaftsprüfer trotz größerer Bedenken immer einen uneingeschränkten Bestätigungsvermerk erteilt.

Nach dreitägigem Schmoren bei mittlerer Hitze wurde Franz unerbittlich aus dem Fegefeuer geworfen. Zwei Engel schleppten ihn mit großer Mühe in den Himmel vor den Heiligen Petrus. Der noch immer aufgeheizte Franz protestierte sogleich dagegen, dass er so jung aus dem Erdenleben abberufen worden sei. Er hätte noch nicht einmal die Schmerzen der Rotation als Abschlussprüfer auskosten können.

Der heilige Petrus runzelte die Stirn und schlug sein himmlisches Buch auf, dessen Volumen sogar die internationalen Rechnungslegungsstandards übertraf. Dann verkündete er dem posthum erstmals aufbegehrenden Wirtschaftsprüfer: „Franz Buchbichler, nach den von dir abgerechneten Tageshonoraren bist du 95 Jahre alt. Bei diesem gesegneten Alter müssen auch unbescholtene Erdenbürger mit ihrer Abberufung in die Ewigkeit rechnen“.

Da Franz betroffen schwieg, machte ihn der heilige Petrus sogleich mit der himmlischen Hausordnung bekannt: Von 5.00 bis 8.00 Uhr Frohlocken, von 8.00 bis 9.00 Uhr Jubilieren mit den himmlischen Heerscharen, von 9.00 bis 17.00 Uhr Einsatz als Schutzengel und von 18.00 bis 23.00 Uhr Hosianna-Singen. Der Einsatzbefehl als Schutzengel würde ihm nach dreitägiger Eingewöhnungsfrist rechtzeitig verkündet werden, fügte Petrus hinzu. Die Zeit bis dahin solle er nutzen, um sich mit den himmlischen Musikinstrumenten für Anfänger, Harfe und Zimbel, vertraut zu machen.

Mit einem freundlichen Wink und einer goldenen Harfe wurde Franz in das weite Himmelsgewölbe entlassen. Dort war reichlich Platz. Franz konnte zwischen mehreren Wolken wählen. Er entschied sich für die

Wolke 292, weil sie ihn an einen Paragrafen im HGB erinnerte, der ihm auf Erden viel zu schaffen gemacht hatte. Er ließ sich auf dieser nieder, versetzte der ihm übergebenen Harfe einige kräftige Hiebe und begann zu frohlocken.

Da schwebte ein völlig vergeistigter Engel an ihm vorüber, dessen Abgehobenheit an einen angelsächsischen Standardsetzer erinnerte. „He, Sie, Mister“, rief Franz ihm zu, „war auch für Standardsetzer kein Platz mehr in der Hölle?“ Aber der Engel lispelte nur „Hosianna“ und verschwand mit seligem Lächeln.

Beim gemeinsamen Verzehr des himmlischen Manna fragte Franz den neben ihm sitzenden älteren Engel, was denn Standardsetzer im Himmel zu suchen hätten. Dieser schon länger einsitzende Unschuldsengel - ein emeritierter Hochschulprofessor, der in Wort und Schrift stets alle Bilanzmanipulationen aufs Schärfste angeprangert hatte, die er in der Praxis nie erlebt oder nachweisen konnte - erklärte umständlich, dass Standardsetzer nur in der Theorie gesündigt hätten. Praktisch hätten sie mit ihren überzogenen Informationsanforderungen viele Finanzanalysten glücklich gemacht.

Diese Aufklärung verwirrte Franz Buchbichler so sehr, dass er - auf seine Wolke zurückgekehrt - statt „Halleluja“ laut „Fair Value ja“ in den Himmelsraum plärrte. Bei seinem wiederholten „Fääär Wällju-luja“ dachte er an die Strapazen, die kreuzbrave Rechnungsleger durch extensive Rechnungslegungsstandards auf Erden erdulden müssen.

Er schrie schließlich so laut, dass der liebe Gott aus seinem Mittagsschlaf aufwachte und nach Petrus schickte und ihn fragte: „Was haben wir denn hier oben für einen Schreihals?“ Der heilige Petrus erklärte ihm, dass es sich um den erst kürzlich aus dem Fegefeuer entlassenen Wirtschaftsprüfer Franz Buchbichler handele. Er sei bisher wie alle seine Berufskollegen nie durch deutliche Worte oder laute Artikulation aufgefallen. Er wisse nicht, welcher Teufel den Franz geritten habe.

Der liebe Gott kannte natürlich in seiner Allwissenheit die überirdischen Anforderungen an die irdische Rechnungslegung. Er sah darin eine für alle Rechnungsleger zumutbare Bewährungsprobe. Er wusste auch, dass eine zutreffende Darstellung der Lage und Entwicklung der Unternehmen an den Schwächen der Rechnungslegungsnormen und der beteiligten Personen scheitern musste. Es entsprach der göttlichen Ordnung, dass die irdische Rechnungslegung sehr unvollkommen blieb.

All das ging dem lieben Gott durch den Kopf, als Petrus den nur äußerlich abgekühlten Franz vor seinen Thron führte. „Sieh an, ein Wirtschaftsprüfer", sprach er. „Petrus, mit dem können wir hier oben wenig anfangen. Im Himmel muss man nicht mehr Rechnung legen. Hier weiß jeder ohne Standards und Verlautbarungen, was er zu tun hat."

Dann wandte er sich direkt an Franz: „Für dich habe ich eine besondere Aufgabe. Ich will meine göttlichen Ratschlüsse den irdischen Organen der Rechnungslegung wenigstens insoweit zur Kenntnis bringen, dass sie erkennen, dass Rechnungslegung nicht der allein selig machende Teil des Erdendaseins ist. Du sollst daher Schutzengel und Bote für die vorwiegend mit sich selbst beschäftigen Einrichtungen der Rechnungslegung werden. So kommst du regelmäßig auf die Erde und kannst dich nicht beschweren, dass wir dich zu früh zu uns geholt haben."

Darüber wurde Franz Buchbichler sehr froh. Und er bekam auch gleich einen ersten göttlichen Auftrag für das IASB und flog sogleich ab. Jedoch nach seiner alten Gewohnheit flog er als erstes ins Internet, um die neuesten Entwürfe und Überlegungen des IASB zu studieren. Dort verfing er sich so sehr in den krausen Gedanken des Standardsetzers, dass er dort noch heute hängt.

Und seitdem warten der IASB und die anderen Standardsetzer und *Enforcer* der Rechnungslegung bis heute auf die göttliche Eingebung.

Kapitel B

WESENSZÜGE DER UNTERNEHMEN

1 Zustände und Verhältnisse

Der Wirtschaftsprüfer hat beruflich vor allem mit Unternehmen und deren Repräsentanten zu tun. Seine berufliche Tätigkeit ist insbesondere den Verhältnissen gewidmet, über die seine Zielgruppe lebt. Diese Zustände werden insbesondere vom Rollen- und Zusammenspiel der Spitzenkräfte bestimmt, die das Unternehmen auf Kurs und die Unternehmensangehörigen auf Trab halten[121]. Das Wissen über die Wesenszüge des Unternehmens und seiner Angehörigen ist daher für den erfolgreichen Wirtschaftsprüfer von elementarer Bedeutung.

1.1 Die Quadratur der Unternehmenskreise

Die Quadratur des Unternehmenskreises besteht aus einem Sechseck. Die Eckpunkte sind (1) das Management und (2) die übrigen Unternehmensangehörigen, (3) die Unternehmenseigentümer und (4) andere Kapitalgeber sowie (5) die Gewerkschaften und (6) sonstige *Stakeholder* des Unternehmens. Die Unternehmensangehörigen stehen zwischen den Gewerkschaften und den Kapitalgebern und daher nicht selten im Weg. Das Topmanagement schwebt oben drüber.

Bei Kapitalgesellschaften erweitert sich das Sechseck um eine weitere Spitze, wenn sie einen Aufsichtsrat haben. Dieser Eckpfeiler dient als Puffer zwischen den Eigentümern und Arbeitnehmervertretern einerseits und dem Topmanagement andererseits. Siehe Kapitel 2.5.

1.1.1 Manager und andere Unternehmensangehörige

Die Unternehmensangehörigen lassen sich in normale Arbeiter und Angestellte sowie in Fachleute und verschiedene Arten von Managern unterteilen. Ihre Entwicklung vom Teen-Ager zum Man-Ager wird nachfolgend beschrieben.

Die normalen **Mitarbeiter** sind für den Unternehmenserfolg unentbehrlich. Sie müssen nämlich den Hafer ernten, der die Topmanager gestochen hat. Mitarbeiter, die Hafer von echtem Korn unterscheiden können, betrachtet man als Fachleute.

[121] WP-Handbuch 2006, Band I, Düsseldorf 2006, R 38 und 47 f.

Der **Fachmann** denkt nicht, er weiß - im Zweifel alles besser. Wenn die Besserwisserei zur Routine wird, wittern Personalmanager Führungspotenzial. Bei nächster Gelegenheit befördern sie den Besserwisser mit gewohntem Fehlgriff zum Manager, sodass er auf der operativen Ebene kein Unheil mehr anrichten kann.

Im Gegensatz zum Fachmann denkt der **Manager**, weiß aber nichts. Er denkt vor allem, dass er sich bei der Arbeit zurückhalten muss, damit er die Übersicht behält, die er braucht, um den ihm unterstellten Mitarbeitern Arbeit zuweisen zu können. Ein ehrgeiziger Manager verschiebt nicht auf morgen, was seine Mitarbeiter heute erledigen können.

Wenn der Manager wegen zu vieler Mitarbeiter die Übersicht verliert, verlässt er sich auf sein unternehmerisches Gespür. Deshalb überrascht ihn Vieles, aber nicht, dass er nach vollem Verlust des Überblicks zum **Topmanager** befördert wird. Merke: Unfähigkeit schützt nicht vor Karriere.

Der Topmanager denkt nicht und weiß nichts. Er blickt ständig voraus. Sein Vorausblick und seine Planspiele bringen ihn dazu, jegliche Verantwortung an geringer bezahlte Unternehmensangehörige abzugeben.

Der Gipfel des Topmanagements ist die Konzernspitze, zu der jeder ehrgeizige Topmanager aufsteigen möchte. Der **Konzernmanage**r fokussiert die als Topmanager reklamierte Weitsicht auf die Konzernsicht, d.h. er übersieht ständig die rechtliche Selbständigkeit der Konzernunternehmen und schwärmt bei seinen Visitationen der Tochterunternehmen von den Vorzügen einer dezentralen Managementstruktur. Im Übrigen kümmert er sich um Details, die für den Konzern von nicht zentraler Bedeutung sind.

Der Konzernmanager kokettiert ständig mit Expansionsplänen und Auslandsreisen, denn seine Reputation wächst mit der Zahl und der räumlichen Distanz der Konzernunternehmen sowie mit der Höhe seiner Spesen.

Wer sich auf die einsame Spitze eines namhaften Unternehmens oder Konzerns gelangt ist, darf sich als **Spitzenmanager** bezeichnen. Spitzenmanager stehen über Allem, aber sie überstehen nicht Alles.

Auch andere politischen, wirtschaftlichen oder religiösen Organisationen leisten sich solche Spitzenkräfte, die die Last ihrer Verantwortung im Top-down-approach auf untergeordnete Manager und Mitarbeiter übertragen, damit sie leichter vom Boden abheben, um das Naheliegende besser übersehen zu können.

1.1.2 Symptome der Topmanager

Immer wieder wird – meist in unpassenden Momenten – gefragt, was Topmanager gegenüber anderen Unternehmensangehörigen neben höheren Bezügen besonders auszeichnet. Weit verbreitet ist die irrige Vorstellung, dass sie Entscheidungsträger seien. In Wirklichkeit sind sie **„entscheidungsträger“** als allgemein angenommen wird. Mit dem Aufstieg in der Managerhierarchie nimmt die Entscheidungsfreude nämlich rapide ab. Wer als Manager noch unentschlossen war, ist als Topmanager nicht mehr so sicher. Er wird daher zumindest unangenehme Entscheidungen nach unten delegieren und dies als Nachwuchsförderung deklarieren.

Kann sich der Topmanager einer ungewollten Entscheidung nicht entziehen, verfährt er nach dem Motto: Je länger die Entscheidungsfindung dauert, umso bedeutsamer erscheint sie. Obwohl eine Fehlentscheidung auf Anhieb zumindest Zeit sparen würde, zögern Topmanager intuitiv, weil morgen falsch sein kann, was heute nicht richtig ist. So wurde die lange Leitung erfunden, unter der viele Unternehmen und Konzerne leiden.

Topmanager sind eher als **Planungsträger** zu charakterisieren. Je exponierter die Position des Topmanagers und je brenzlicher die Situation des Unternehmens, desto gründlicher wollen die zugrundeliegenden Erwägungen eruiert und zusammengestellt sein und umso unerschütterlicher ist der Glaube des Managers an die darauf beruhende Unternehmensplanung. Ein Spitzenmanager wird daher die Perfektion der Planung bis zum Niedergang des Unternehmens auf die Spitze treiben.

Planung ersetzt bekanntlich den Zufall durch Irrtum. Insofern mag ein Topmanager im Irrtum sein, aber entscheidend ist, dass er nie im Zweifel ist. Nur ein begnadeter Topmanager kann sich vorstellen, wie man einen Abgrund mit zwei Sprüngen überwindet.

Seiner Natur nach konzentriert sich ein Spitzenmanager voll auf die strategische Planung, die er unbekümmert als strategische Unternehmensführung ansieht. Insofern stören Spitzenmanager die betrieblichen Abläufe des Unternehmens kaum und leisten so ihren Beitrag zur Fortführung des Unternehmens.

Topmanager und erst recht Spitzenmanager tragen eine höhere Verantwortung, die größer ist als sie wahrnehmen wollen. Stattdessen setzen sie auf folgende Arbeitsteilung: sie selbst übernehmen mit Würde und ohne Zögern die volle Verantwortung für jeden Erfolg des Unternehmens und delegieren zum Ausgleich die Verantwortung für Fehlschläge an Kollegen oder untergeordnete Mitarbeiter. Nach Möglichkeit sichern sie sich zusätzlich durch eine D&O-Versicherung ab[122].

So kommt es, dass im Gegensatz zum indischen Kastenwesen in der Managementhierarchie die Unberührbaren an der Spitze stehen.

1.1.3 Stakeholder

Stakeholder sind Interessen- und Anspruchsgruppen, die für die Fortführung und den Erfolg des Unternehmens existenziell sind und die ein berechtigtes Interesse an der Entwicklung und den Ergebnissen des Unternehmens haben. Zu ihnen gehören die Eigentümer, Investoren und Gläubiger, die Kunden und Lieferanten sowie Gewerkschaften, Interessenverbände und das Gemeinwesen. Die Interessen dieser unentbehrlichen Personen und Gruppen sind bei allen Entscheidungen und Aktivitäten des Unternehmens angemessen und ausgewogen zu berücksichtigen

Trotz unterschiedlicher Interessen kommt es auch zur unbewussten Zusammenarbeit unterschiedlicher Stakeholder. Gewerkschaften und Kapitalgeber sind Provider für Human- bzw. Finanzkapital und beeinflussen jeweils auf spezifische Weise den Marktwert des Unternehmens. Die Gewerkschaften forcieren mit paritätischer Mitbestimmung und überzogenen Tarifforderungen den Export von Arbeitsplätzen, was von

[122] Vgl. dazu *Murmeler*, Hartz VI und die Folgen, Braunschweig 2006; *Diddles-Patscher*, Human-Needs-Management, Bahamas 2004.

Finanzanalysten als Globalisierungsstrategie mit hohen Erwartungen gewertet und von Kreditgebern honoriert wird.

Die von Finanzexperten daraufhin prognostizierten Cashflows versetzen alle Kapitalanleger in Euphorie, sodass die Aktienkurse und der Erfolgsdruck auf das Management enorm steigen. Der Erfolgsdruck wiederum beschleunigt das Outsourcing von Leistungen und Arbeitsplätzen. Die Euphorie endet erst, wenn ein ausgeflippter Analyst in den überschäumenden Kapitalflüssen die Haare entdeckt, die sich hinterher alle Kapitalanleger ausraufen wollen.

1.2 Gesetzmäßigkeiten des Managementbetriebs

Unabhängig von Rechtsform, Größe und Branche kommt kein Unternehmen ohne Manager aus. Daher ist jedes Unternehmen in erster Linie als Managementbetrieb zu begreifen. Um den Managementbetrieb[123] zu verstehen, muss man seine Gesetzmäßigkeiten und Prinzipien kennen.

In der Hierarchie einer Organisation neigt jedes Mitglied dazu, bis zur Stufe seiner Inkompetenz aufzusteigen (**Peter-Prinzip**)[124]. Das gilt auch für Unternehmen und Konzerne. Ehrgeizige Beschäftigte haben es dabei besonders eilig. Zum Schutz des Unternehmens werden die unfähigsten Mitarbeiter dorthin versetzt, wo sie den geringsten Schaden anstellen können, nämlich ins höhere Management (**Dilbert-Prinzip**)[125]. Die Unternehmensfortführung ist gewährleistet, solange die Mehrzahl der Unternehmens- oder Konzernangehörigen ihre hierarchische Endstufe noch nicht erreicht hat[126].

Die übliche Pyramidenform der Hierarchie wird dadurch sichergestellt, dass jeder Manager bestrebt ist, die Zahl seiner Untergebenen unabhängig vom Arbeitsumfang zu erhöhen (**Parkinsons Gesetz**)[127]. Dem-

123 Zu den Indiskretionen siehe im Einzelnen: *Hakelmacher*, Das Leoparden-Paradox, Lengwil 1997; ders., Die Falken-Parabel, Lengwil 1999.

124 *Peter/Hull*, Das Peter-Prinzip, Reinbek 1970.

125 *Adams*, The Dilbert Principle, New York 1986.

126 Siehe *Hakelmacher*, Vom Teen-ager zum Man-ager, 2. Auflage, Wiesbaden 1996, S. 7 ff. Zur Früherkennung existenzgefährdender Risiken wäre diesbezüglich eine Offene-Posten-Buchhaltung zu empfehlen.

127 *Parkinson`s* Law, London 1985 (Reprint).

entsprechend werden Verwaltung und Bürokratie eines Unternehmens so lange ausgedehnt, bis die zur Verfügung stehenden Räumlichkeiten ausgefüllt sind. Zur weiteren Dynamisierung des Verwaltungsapparats werden bis zur Erschöpfung der Kreditfähigkeit des Unternehmens ständig neue Büroräume geschaffen. Neue Chancen zu Expansion der Administration werden in der Homeoffice-Tätigkeit gesehen.

Mit zunehmenden Bürokratisierungsgrad und höherer Hierarchiestufe stößt man immer häufiger auf **Murphys Gesetz**[128]. Es besagt in seiner Doppeldeutlichkeit: Wenn etwas schief gehen kann, geht es auch schief. Wenn etwas nicht schief geht, wäre es besser gewesen, wenn es schief gegangen wäre.

Überlagert werden diese allgegenwärtigen Prinzipien von der formalen und der faktischen Hierarchie. Die formale Hierarchie lenkt das Karrierestreben. Für den Aufstieg in der formalen Hierarchie ist der Einfluss Dritter wichtig, während es bei der faktischen Hierarchie vor allem auf Eigeninitiative ankommt.

Die **formale Hierarchie** ist bedeutsam für Titel, Visitenkarte und ähnlich ernst zu nehmende Attribute des höheren Managements. Sie bestimmt die formalen Machtbefugnisse und die materielle Ausstattung der Managementposition. Sie äußert sich in der Größe des Büros und des Dienstwagens und im Wert ihrer Möblierung.

Die **faktische Hierarchie** ist Ausdruck der tatsächlichen Macht. Sie manifestiert sich in der Höhe der Kosten, die der Manager und seine Untergebenen verursachen. Je höher die Kosten, die von Kollegen und höher besoldeten Einsichten geduldet werden, umso angesehener und mächtiger ist der Manager. Der karrierebewusste Manager ist daher bemüht, die Höhe der von ihm verursachten Kosten zu steigern.

Ambitionierte Manager sind als Kostentreiber vor allem deshalb erfolgreich, weil die Überlebensfähigkeit von Unternehmen nicht nur von ihnen, sondern auch von ihren Überwachern generell überschätzt wird[129].

[128] Bloch, *Murphy*`s Law, 4. Auflage, Los Angeles 1978, S. 11.
[129] *Hinterhälter*, Die Blauäugigkeit bei roten Zahlen, Frankfurt 1999, S. 27.

1.3 Managementtools

Wie andere intelligente Geschöpfe benutzen auch Manager im Kampf ums Dasein Werkzeuge. Diese Instrumente nennt der Experte „Managementtools“, um ihre universelle Einsatzmöglichkeit zu betonen. Sie dienen hauptsächlich dazu, die Zielsetzungen für das Unternehmen so zu zerstückeln, dass möglichst jeder Unternehmensangehörige sehen kann, was von ihm erwartet wird und was er angerichtet hat.

1.3.1 Zielsetzung

Für höhere Führungskräfte heißt „managen“ das Setzen, nicht das Erreichen von Zielen. Die Zielerfüllung ist Aufgabe ihrer Mitarbeiter. Herausragende Topmanager sind es sich schuldig, kaum erfüllbare Ziele zu setzen. Um die angesprochenen Mitarbeiter dennoch zu motivieren, spricht der moderne Manager nicht von „Zielsetzungen“, sondern von „Zielvereinbarungen“. Das signalisiert Kooperationsbereitschaft und soll die Mitarbeiter anregen, die vereinbarten Ziele auch dann zu verwirklichen, wenn sie mit der Realität kaum vereinbar sind.

Der zielorientierte Führungsstil, der von prominenten Managementlehrern als „*Management by Objectives*“ (**MbO**) honorarpflichtig empfohlen wird, hat nichts mit „objektiv“ i. S. von realistisch, nüchtern oder vorurteilsfrei zu tun. MbO ist die diffizile Lenkung von Mitarbeitern mittels hoch aufgehängter Zielobjekte.

Jede Zielsetzung beruht auf Erwartungen, die mit dem Aufstieg in der Managementhierarchie immer höhergeschraubt werden, ohne an Geltung einzubüßen. Bei dem erweiterten Horizont der Topmanager spricht man von strategischen Zielsetzungen. Den Managern der zweiten und dritten Führungsebene bleibt es überlassen, die Utopien der Topmanager in operative Pläne zu übersetzen. In dieser Kombination soll die Unternehmensplanung den Aufsichtsrat auf Anhieb so beeindrucken, dass er sie unbesehen absegnet.

Die zumindest jährlich erneuerte Unternehmensplanung ist das Glaubensbekenntnis, an dem Vorstand und Aufsichtsrat großer Unternehmen bis zur unabwendbaren Insolvenz festhalten.

1.3.2 Kontrollinstrumente

Manager müssen für Zucht und Ordnung im Unternehmen sorgen und ihre Beachtung durch die Unternehmensangehörigen kontrollieren. Das dazu notwendige Überwachungssystem bezeichnen Akademiker als Regelkreis aus Planung, Controlling, internem Kontrollsystem und interner Revision. Der letzte Schrei neuzeitlicher Unternehmenskontrolle ist ein eigens bestellter „*Compliance Officer*". Dieser soll sich hauptamtlich darum kümmern, dass die vorgegebenen Regeln und Vorschriften von allen Unternehmensangehörigen eingehalten werden.

Obwohl der Aufsichtsrat vom Vorstand gesteuert wird, gehört er nicht zu dem Überwachungssystem, das der Vorstand zu verantworten hat. Der Aufsichtsrat ist schließlich keine Systemkomponente, sondern ein eigenständiges Überwachungsorgan, das vom Vorstand unabhängig, aber von dessen Informationen abhängig seinen Dienst tut (siehe Kapitel 2.5).

Das **interne Kontrollsystem** (IKS) soll die Ordnungsmäßigkeit der betrieblichen Abläufe und Handlungen möglichst automatisch steuern und kontrollieren. Es hat sich in vielen Unternehmen zu einem Riesenapparat entwickelt, der von Kobolden ständig erweitert und komplizierter gestaltet wird. Seine wichtigste Funktion besteht darin, kreative Mitarbeiter und Manager zu behindern, damit niemand durch einen unerwarteten Erfolg überrascht wird.

Steuerung und Kontrolle sind Teilfunktionen der Unternehmensführung. In größeren Unternehmen sind sie als Controlling und interne Revision organisatorisch verselbstständigt.

Das **Controlling** ist das betriebliche Mahnwesen zur Zielerreichung. Es richtet sich an die Manager und deren Phantasie zugrunde. Ausführende sind die Controller, die mit komplizierten Planungs- und Berichtssystemen und durch permanente Soll-Ist-Vergleiche die operativ tätigen Manager nerven.

Zur Aufwertung des Controllings wurde das strategische Controlling entwickelt. Es soll dafür sorgen, dass die strategischen Ziele des Unternehmens im Tagesgeschäft nicht völlig vergessen werden. Die strategischen Controller sind das Bodenpersonal für die Höhenflüge der Spitzenmanager und – um im Bild zu bleiben – vor allem mit der Verlängerung und Ausbesserung der Start- und Landebahn und mit der Reparatur der Strategieraketen oder Ideenkracher beschäftigt.

Zur Annäherung an die operativen Daten müssen permanent Updates der Prämissen und Annahmen für die strategische Planung erstellt werden, sodass nur wenig Zeit für strategische Soll-Ist-Vergleiche bleibt.

Der Chef-Controller versteht sich als allgegenwärtiger Kommunikationsexperte für den gesamten Managementbetrieb, der den Weizen relevanter betrieblicher Daten vom Spreu unnützer Fakten und Diskussionen zu trennen weiß. Seine Opfer trösten sich mit der Tatsache, dass der Controller ein halbes Jahr mit der Unternehmungsplanung und der Suche nach plausiblen Gründen für Planabweichungen ausgelastet ist und im zweiten Halbjahr die Plattform für die neue Unternehmensplanung basteln muss.

Im Gegensatz zum Controlling arbeitet die **interne Revision** prozessunabhängig. Sie ist das Wachbataillon des Topmanagements, dessen Nützlichkeit alle loben, die (noch) nicht von ihm heimgesucht werden. Die potenziellen Opfer halten der Internen Revision zugute, dass sie nicht überall sein kann.

Die interne Revision heißt so, weil sie ihre Orakelsprüche aus den Innereien des Unternehmens abliest. Im Übrigen versucht sie, das Durcheinander im Unternehmen an der vom Topmanagement gewünschten Ordnung zu messen, die in Richtlinien, Organisationsplänen und Handbüchern niedergelegt oder vom Topmanagement andersartig verkündet worden ist. Auch wenn derartige Leitlinien fehlen, hat die Revision festzustellen, warum sie nicht eingehalten wurden.

Ausgeübt wird die Revision von Revisoren. Ein guter Revisor darf sich, selbst wenn er an das Gute im Menschen glaubt, nur auf das Schlechte verlassen. Er muss Gegenstand und Ergebnis der Revision mindestens so schlimm darstellen, wie sie tatsächlich sind. Zur Objektivität des Revisors trägt bei, dass er Anderen sagt, was sie tun sollen, es aber nicht selbst tun muss oder darf. Das gilt zwar auch für den Controller, doch besteht der wesentliche Unterschied darin, dass der Controller bei seinen Feststellungen oft im Irrtum, aber nie im Zweifel ist, während der Revisor bis zuletzt zweifelt, ob er allfällige Irrtümer Anderer erkannt hat.

Eine interne Revision, die als zeitgemäß gelten will, versteckt ihre Kritik in Verbesserungsvorschlägen. Das schwächt die automatische Abwehr der Geprüften und verschafft der Revision eine minimale Vertrauensbasis, die ihre Opfer kooperations- und leidensbereiter macht. Aus diesem Grund maskiert sich der moderne Revisor als unternehmensinterner Berater. Selbst intime Unkenntnisse können ihn nicht von seinem Sendungsbewusstsein als universell einsetzbare Berater abbringen. Seine Neutralität begründet er damit, dass er keinen Unternehmensbereich mit seinem Besuch verschont.

Die internen Revisoren sind national und international gut verdrahtet[130]. Sie verstehen sich als unentbehrliche Inspekteure, die im Auftrag der Unternehmensleitung die Tätigkeiten aller anderen Unternehmensangehörigen auf Recht-, Ordnungs- und Zweckmäßigkeit prüfen können oder sollen. Sie nutzen passende Gelegenheiten, um dem Aufsichtsrat ihre Maßgeblichkeit für die Existenz des Unternehmens klarzumachen.

Ehrgeizige Revisionsleiter bemühen sich um einen direkten Draht zum Aufsichtsrat und denken sehnsüchtig an das monistische Verwaltungssystem (Kapitel 2.2).

Die interne Revision wird wegen ihrer bereichsübergreifenden Tätigkeit gern zur Zwischenlagerung der Überbleibsel von Assessment Centern missbraucht. Dabei handelt es sich um Nachwuchskräfte, die nach Ansicht der Personalexperten Führungspotenzial besitzen und die man daher im normalen Geschäftsbetrieb nicht anlernen kann. Sie sollen als Begleiter der Revisoren die Unzulänglichkeiten des Betriebs und seiner Verwaltung kennenlernen. Erst dann, aber dann auch immer, wenn sie dank betrieblicher Erfahrungen für die Revision nützlich zu werden beginnen, werden sie zum Jungmanager einer anderen Abteilung befördert.

[130] Institute of Internal Auditors; Deutsches Institut für interne Revision e.V.

1.3.3 Risikofrüherkennung

Der Vorstand einer Aktiengesellschaft hat geeignete Maßnahmen zur Früherkennung von Risiken zu ergreifen, welche die Existenz des Unternehmens gefährden oder seine künftige Entwicklung wesentlich beeinträchtigen können (§ 91 Abs. 2 AktG). Dazu gehört ein wirkungsvolles **Überwachungssystem**, das schon immer ein vernachlässigter Bestandteil der Sorgfaltspflicht des Vorstands war. Es soll sicherstellen, dass kontrolliert in die Hose geht, was bisher von selbst schief gegangen ist.

Bei börsennotierten Unternehmen hat der Abschlussprüfer Existenz und Effizienz des Überwachungssystems zu prüfen und zu beurteilen. Er darf sogar notwendige Verbesserungen vorschlagen.

Die den Fortbestand des Unternehmens gefährdenden Entwicklungen wurden bisher nur unvollständig evaluiert. Wenn man von Erdbeben, Sandstürmen und Vulkanausbrüchen absieht, die in Mitteleuropa verhältnismäßig selten sind, fallen dem akademischen Betrachter als Beispiele die Verwerfungen des Marktes und die Verworfenheit der Konkurrenz als potenzielle Bedrohungen unschuldiger Unternehmen ein. Der Kaufmann denkt vor allem an finanzielle Risiken.

Für Topmanager und ihre Überwacher gehören derartige Risiken zum täglichen Geschäft, solange sie nicht exorbitante Ausmaße erkennen lassen. Die Verantwortlichen verlassen sich darauf, dass der Controller über alle offenen und latenten Risiken ständig nachdenkt und bei alarmierenden Ergebnissen seiner Risikoanalysen und *Value-at-Risk*- und ähnlicher Modellrechnungen rechtzeitig das schlummernde Risikobewusstsein der Unternehmensspitze wach küsst.

Nach alter Gewohnheit werden die Risiken in den **erogenen Zonen** des Unternehmens, also beim Topmanagement, als Tabu behandelt, obwohl investigative Journalisten im Zusammenhang mit aufziehenden oder sich entladenden Unternehmenskrisen wiederholt auf dafür verantwortliche Inkompetenzen hoch dotierter Topmanager hingewiesen haben[131]. Wegen der langen Inkubationszeit und der schamhaften Ver-

[131] *Hochleister*, Absurditäten in höchsten Ämtern, Berlin 1996, Band 4.

deckung früh auftretender Symptome der Unfähigkeit werden gravierende Managementfehler meist zu spät erkannt; leichte Fehler werden in Kauf genommen.

1.4 Der Konzernierungsdrang

Der bei rasch emporgekommenen Topmanagern häufig ausbrechende Gigantismus ist Ursache für ihren ungehemmten Konzernierungsdrang, mit dem sie ihr Unternehmen zur Mutter zahlreicher Tochterunternehmen machen wollen. Als Ersatz für die antiken Gladiatorenkämpfe entwickelten sich in der Neuzeit so genannte **feindliche Übernahmen** von Unternehmen, bei denen heimlich Aktien des Zielunternehmens aufgekauft werden und den verbleibenden Aktionären ein angeblich attraktives Angebot vorgelegt wird. Solche Übernahmen enden nicht selten damit, dass sich die übernehmenden Unternehmen übernommen haben.

Konzerne verdanken ihre Existenz und ihren Wildwuchs oft dem Unwillen von Spitzenmanagern, überschüssige Finanzmittel des Unternehmens an die Kapitalgeber zurückzugeben. In der Tat wissen sie am besten, wie sich die ihnen anvertrauten Finanzmittel am schnellsten geräuschlos versenken lassen. Der Erwerb branchenfremder Unternehmen hat sich als sicherste Methode erwiesen, um ein erfolgreiches Unternehmen in ernste Schwierigkeiten zu bringen.

Im Hinblick auf die zur Konzernierung benötigten Finanzmittel setzen hochrangige Strategen nicht auf den Gang der Geschäfte, sondern auf den **Gang an die Börse**[132]. Das bevorzugte Mittel der Konzernstrategen ist ein *Initial Public Offering* (IPO), bei dem es darauf ankommt, euphorische Finanzberater und ein geschäftstüchtiges Emissionshaus zu finden, die potenziellen Investoren die riesigen Chancen des geplanten Unternehmenserwerbs schildern, ohne die nicht zu übersehenden Risiken hervorzuheben.

Hoch gesteckte Ziele der Spitzenmanager stehen heute im Zeichen der **Globalisierun**g. Global heißt erdumfassend, aber nicht erdverbunden.

132 Der Börsengang ist von der Börsengang zu unterscheiden, die ihn mit hohen Aufwendungen mehr oder weniger unterstützt. Zur Börsengang gehören IPO-Berater, Emissionshäuser, Anwälte, Notare und auf Wirtschaftsprüfer.

Daher fehlt den hochfliegenden Plänen der Globetrottel jegliche Bodenhaftung. Das betrifft insbesondere die Konzernspitze, die permanent versucht, der Konzernsicht eine globale Struktur zu verpassen.

Eine Abart des Konzernierungsdranges[133] ist das **Fusionsfieber**. Verursacht wird es durch die gegenseitige Überschätzung der Topmanager der betroffenen Unternehmen und ihrer hohen Meinung über die Synergiepotenziale, die die durch den Zusammenschluss erschlossen werden.

Auslöser spektakulärer Zusammenschlüsse sind meist jähe Eingebungen visionär begabter Spitzenmanager, die sich zufällig irgendwo treffen und aus belanglosem Anlass gemeinsam Gefallen an der Fusionsidee finden. Was früher von langer Hand vorbereitet und umständlich analysiert wurde, wird jetzt anlässlich eines durch Golf verdorbenen Spaziergangs dingfest gemacht. Zur persönlichen Absicherung wird eine *Due-Diligence*-Prüfung durch ihre Mitarbeiter nachgeschaltet.

Der erste sichtbare Erfolg der Konzernierung oder der Fusion besteht darin, dass das gewohnte Durcheinander in den beteiligten Unternehmen dank der zusammengetriebenen Manager und der damit vervielfachten Managementerfahrungen zum weltweiten Chaos des neuen Konzerns wird[134]. Dabei hilft das bei allen Konzernunternehmen neu zu installierende unternehmensübergreifende Planungs- und Informationswesen, das entscheidende Daten mit größeren Verzögerungen vermittelt und im Einzelfall wichtige Indikatoren verdeckt. Die rasch betriebene Zusammenfassung der Zentralbereiche der bisher unabhängigen Unternehmen absorbiert die ohnedies rudimentären Kontakte zum Marktgeschehen und zu den operativen Tätigkeiten nahezu völlig.

---

133 *Hakelmacher*, Going Concern oder der Konzernierungsdrang, WPg 1999, S. 99.

134 Eine solche Fusion stellt die Vergrößerungsform von Konfusion dar.

2 Das Regime der Kapitalgesellschaften

2.1 Corporate Governance

Seriöse Ausführungen über die Herrschaftsstrukturen von Kapitalgesellschaften sind heutzutage nur unter dem **Begriff** *Corporate Governance* diskutabel. Das bis Ende des letzten Jahrhunderts in Deutschland unbekannte Fremdwort bezeichnet das Regiment von Kapitalgesellschaften und anderen korporativen Unternehmen, das zuvor unspektakulär „Unternehmensverwaltung" genannt wurde. Die neuartige Benennung klingt weltgewandter und wurde rasch in die Alltagssprache deutscher Kaufleute und Juristen übernommen.

Es ist davon auszugehen, dass der Gebrauch der englischen Vokabel auch nach dem Brexit in der zurückgebliebenen Europäischen Union (EU) erhalten bleibt. Die in Selbstisolation geflüchteten Engländer werden den europaweiten Sprachgebrauch so lange lizenzfrei gestatten, wie britische Beratungsfirmen, Anwaltskanzleien und Finanzinstitutionen gegenüber Staaten und Organisationen anderer Kontinente Großbritannien als ideales Einfallstor für unternehmerische Aktivitäten in der EU anpreisen.

Zur weiteren Begriffsklärung sei die eingängige und sachgerechte Eindeutschung „**korpulente Gouvernante**" erwähnt, die dem Autor schon zu Beginn des 3. Jahrtausends geglückt ist. Die altmodische Bezeichnung „Gouvernante" für „Erzieherin" expliziert, dass es hier um die Erziehung der höheren Unternehmensangehörigen geht. Das Adjektiv „korpulent" steht für monströs und umständlich und spricht die Art und Weise der Erziehung an[135].

Im Kern beschreibt „*Corporate Governance*" das Chaos der Unternehmensführung, an das sich die Vorstands- und Aufsichtsratsmitglieder gewöhnt haben. Damit werden absehbare Unternehmenszusammenbrüche bereits dann wahrgenommen, wenn die Katastrophe nicht mehr aufzuhalten ist. Dann geraten die Verantwortlichen plötzlich ins Schwimmen, nachdem sie vorher glaubten, auf dem Wasser gehen zu können.

---

135 Siehe *Hakelmacher*, Die korpulente Gouvernante, 3. Auflage, Köln 2011.

Mit dem Ausdruck „*Corporate Governance*" wurden die Unternehmensführung und ihre Überwachung zu einer **Wissenschaft** erhoben, die unzählige Selfmade-Experten ernährt und ein breites Spektrum von Lehrprogrammen nebst umfangreichem Schrifttum generiert. Die Protagonisten erwarten, dass das irrationale Verhalten der Unternehmensspitzen durch nationale und internationale Regulierungen der *Corporate Governance* beherrschbar wird.

Aus Sicht der Mitglieder des Topmanagements und des Aufsichtsrats stellt die unternehmensspezifische *Corporate Governance* die eherne und unverrückbare Struktur der Unternehmensführung und -überwachung dar, die mit festgeschriebenen Zuständigkeiten und Verantwortlichkeiten die Position der Topmanager und der Aufsichtsräte absichert. Zum Leidwesen dieser Amtsinhaber neigt die für Unternehmen relevante Umwelt immer häufiger zu teils abrupten Veränderungen, mit denen die existierende *Corporate Governance* nicht zurechtkommt. Daraus folgern außenstehende Betrachter, dass die existierende Governance immer wieder zeitnah an neue Anforderungen angepasst werden muss.

Das *Institute of Internal Auditors* hat zur **Dynamisierung** der Corporate Governance ein *Three-Lines*-Modell (TLM) entwickelt, das ursprünglich als *Three-Lines-of-Defense*-Modell angedient worden war.[136] Als linientreue Handreichung für verunsicherte Governance-Posten hat die Schmalenbach-Gesellschaft Leitlinien zur Dynamisierung der Corporate Governance veröffentlicht[137]. Die drei Linien sind (1) das operative Management, (2) das Risiko- und Compliance- Management sowie (3) die interne Revision.

Die Protagonisten dieser Dreifaltigkeit fordern zur Stabilisierung der Unternehmen

– vom Risikomanagement einen sichtbaren Beitrag zur Erreichung der Unternehmensziele und zur Wertsteigerung (z.B. Absicherung von Währungsrisiken; Reduzierung von Versicherungsprämien),

[136] https:/hbfm.link/9566
[137] AKEIÜ, DB 2021, S. 1757 ff.

- auf allen Linien ein klares Verständnis der Rollen und Verantwortlichkeiten im unternehmensspezifischen Governance-System (z.B. Rolle des Compliance Officers oder des Datenschutzbeauftragten),
- Maßnahmen, welche die Unternehmensaktivitäten mit den Interessen der *Stakeholder* abstimmen (abgewogene Zugeständnisse an möglichst alle Stakeholder) und
- eine permanente dynamische Anpassung der Governance-Struktur durch einen strukturierten Prozess, den der nicht in Linie gebrachte Aufsichtsrat zu überwachen hat (z.B. Rotation der Organmitglieder).

2.2 Corporate-Governance-Systeme

In den westlich orientierten Industrieländern existieren zwei unterschiedliche Systeme für die Leitung und Verwaltung von korporativen Unternehmen gibt, nämlich

a) das rachitische monistische System mit einem Verwaltungsorgan und
b) das üppige dualistische System mit zwei Verwaltungsorganen.

Zur Beruhigung des Lesers sei einleitend angemerkt, dass weder das monistische noch das dualistische System verhindert, dass Unternehmen erfolgreich geführt und überwacht werden,

Das **monistische System** – auch „Board-System" genannt – ist von anglo-amerikanischer Provenienz und international weit verbreitet. „*Boards*" sind im Jargon der weltweiten *Financial Community* die Bretter, die für Spitzenmanager die Welt bedeuten. In der angelsächsisch geprägten Finanzwelt ist „*Board*" also weder eine Kurzbezeichnung für das Skateboard, Snowboard o. Ä. noch das Brett vor den Köpfen seiner Bewohner, sondern die Bezeichnung für das oberste Leitungs- und Kontrollgremiums von großen Gesellschaften und anderen Organisationen. Gewiefte Investmentmanager und routinierte Finanzanalysten versuchen, diese dicken Bretter durch bohrende Fragen zu durchlöchern, um ihre Fehlprognosen zu erstellen oder zu untermauern.

Im Gegensatz zu dem einbeinigen Board-System steht das **dualistische System** auf zwei Füßen, weil es neben dem geschäftsführenden Organ

(=*Management-Board* = Vorstand) als *Back-up* ein separates Kontrollorgan (*Supervisory-Board* = Aufsichtsrat) hat und damit vielfältiger Verwirrung stiften kann. Die global ausgerichtete Finanzwelt begnügt sich mit Kenntnissen über das einfach gestrickte monistische System. Bei den zufälligen und flüchtigen Begegnungen mit dem dualistischen System bleibt ihnen dessen Zwiefalt unverständlich und unheimlich.

Als ein wesentlicher Grund für die Ignoranz wird die in Deutschland für große Unternehmen vorgeschriebene Mitbestimmung der Arbeitnehmer erwähnt, die von angelsächsischen Managern, Investoren und Finanzleuten für Teufelswerk gehalten wird. Aus Taktgefühl gegenüber ausländischen Adressaten wird die unaussprechliche *Codetermination* sogar im Deutschen Corporate Governance Kodex (Kapitel 2.3) ausgeklammert, sodass sie den ausländischen Wirtschafts- und Finanzleuten ewig rätselhaft bleiben wird.

An der internationalen Zurückhaltung gegenüber dem dualistischen System haben auch sichtbare Annäherungen der beiden Governance-Systeme nichts geändert. Die Einführung eines ***Audit Committee*** beim Board-System einerseits und die Einrichtung eines Prüfungsausschusses des Aufsichtsrats andererseits wurden jeweils isoliert als Fortschritt des betroffenen Systems gefeiert.

In einer angelsächsisch geprägten Finanzwelt ist die Trennung von Geschäftsführung und Überwachung der Geschäftsführung durch Vorstand und Aufsichtsrat schlicht nicht vorstellbar. Selbst angesehene Ausleger des Aktienrechts tun sich schwer mit dem Hinweis, dass der Aufsichtsrat kein Co-Manager, sondern ein Kontrolleur des Managements ist. Abgesehen von der wichtigen Besetzung des Vorstands, die zugegebenermaßen nicht immer befriedigend erfolgt ist, hat der Aufsichtsrat für das Unternehmen weder eine operative noch eine strategische Machtbefugnis oder unmittelbare Verantwortung.

Das mag ahnungslose Investmentmanager und Finanzberater entschuldigen, die unentwegt den direkten Draht zum Aufsichtsratsvorsitzenden deutscher Aktiengesellschaften suchen. Kontaktfreudige Aufsichtsratsvorsitzende, insbesondere an Rampenlicht gewöhnte ehemalige Vorstandsvorsitzende, empfinden die unmittelbare Ansprache von Finanzanalysten und Presseleuten derart schmeichelhaft, dass sie sich ohne Skrupel und Vertretungsmacht zu öffentlichen Statements über Unternehmensangelegenheiten verführen lassen.[138]

2.3 Deutscher Corporate Governance Kodex

2.3.1 Verfasser und Adressaten

Vor dem Hintergrund undurchsichtiger Unternehmenskrisen haben achtsame Juristen und Wirtschaftler einzeln oder als Autorenkollektiv schon gegen Ende des letzten Jahrtausends Anstandsregeln für Unternehmensleiter und ihrer Überwacher gefordert[139]. In 2002 sind solche Normen erstmals offiziell in dem Deutschen Corporate Governance Kodex (im Folgenden „Kodex" oder „DCGK" genannt) niedergeschrieben und verkündet worden[140], dessen jüngste Fassung vom 16.12.2019 datiert.

Federführend für die Abfassung des Kodex ist eine eigens zu diesem Zweck berufene **Regierungskommission**, die sich aus den üblichen Verdächtigen zusammensetzt, d.h. aus Personen, die schon länger Mängel der Überwachung und Kontrolle im Unternehmen vermutet oder kennengelernt und darüber diskutiert haben.

Der Kodex richtet sich an die Vertreter börsennotierter Unternehmen. Andere Institutionen wie Behörden, Parteien, Kirchen oder Gewerkschaften sind nicht angesprochen, obwohl auch dort die Governance viel zu wünschen lässt. Die nachfolgend geschilderten, auf Unternehmen bezogenen Themen und Probleme der Governance sind auch in anderen Organisationen anzutreffen.

Nach dem DCGK sollen Leiter und Überwacher kapitalmarktorientierter Unternehmen diese wie „ehrbare Kaufleute"[141] unter Beherzigung der

[138] Zur Zersetzung des dualistischen Systems siehe u. a. *Hirt/Hopt/Mattheus*, Dialog zischen Aufsichtsrat und Investoren, AG 21016, S. 725 ff.

[139] Vgl. u.a. *Scheffler* (Hrsg.), Corporate Governance, Wiesbaden 1995; *Schneider/Strenger*, Die Corporate Governace Grundsätze der Grundsartzkommission Corporate Governance, AG 2000, S. 106 ff.; *Peltzer/v.Werder*, Der „German Code of Corporate Governance (DCCG)" des Berliner Initiativkreises, AG 2001, S. 1 ff.

[140] Deutscher Corporate Governance Kodex, Fassung vom 13. 6. 2006.

[141] Siehe dazu u. A. *Fleischer*, Ehrbarer Kaufmann- Grundsätze der Geschäftsmoral – Reputationsmanagement: Zur Moralisierung des Vorstandsrechts und ihren Grenzen, DB 2017, S. 2015 f.

kodifizierten Ratschläge tugendhaft und redlich führen und kontrollieren. Zur Disziplinierung müssen Vorstand und Aufsichtsrat alljährlich öffentlich erklären, ob sie den Empfehlungen des DCGK entsprochen haben und entsprechen werden und welche Empfehlungen sie nicht befolgen und warum[142]. Nach anfänglicher Aufregung und Besorgnis der Betroffenen wird die Routine der sog. **Entsprechenserklärung** heute kaum noch in den Hauptversammlungen hinterfragt.

Da die Handhabung der Corporate Governance die volle Aufmerksamkeit der Investoren und Anleger verdient, müssen börsennotierte Unternehmen jährlich eine „Erklärung zur Unternehmensführung" abgeben.[143] In diese Erklärung sind neben den Geständnissen der Entsprechenserklärung zusätzlich diverse Angaben zur Teilhabe von Frauen[144] und zu anderen Praktiken der Unternehmensführung aufzunehmen, soweit letztere über die gesetzlichen Vorschriften hinausgehend angewendet werden (siehe Kapitel C 3.2).

2.3.2 Inhalt

In seiner aktuellen Fassung besteht der Kodex zu gefühlten 50 % aus **Vergütungsregeln** für Vorstands- und Aufsichtsratsmitglieder und zu weiteren 19,7 % auf Empfehlungen zur Diversität von Vorstand und Aufsichtsrat. Die Vergütungsempfehlungen unterstreichen die wahnsinnige Bedeutung, die der Entlohnung der Führungs- und Überwachungsspitze für die Fortentwicklung der Unternehmen beigemessen wird. Die ins Einzelne gehenden Direktiven sollen die finanziellen Anreize für die Organmitglieder in unternehmens- und sozialverträglichen Grenzen halten.

Darüber hinaus sehen Managementgurus in einer vielschichtigen Zusammensetzung der Unternehmensspitze eine zentrale Determinante für Erfolg und Fortbestand der Unternehmen[145]. Gesetzgeber und konservative Führungskräfte denken bei **Diversität** primär an die Beteiligung von Frauen auf den oberen Managementebenen. Da die wieder-

142 § 161 AktG.

143 § 289f bzw.§ 315d HGB.

144 § 289f Abs. 2 Ziffer 4 bis 5 HGB.

145 *Common/Sense*, Journal of Management, 2015, 2016 und 2017; *Velte*, CZG 2017, S. 219.

holten Kodex-Empfehlungen zur Teilhabe von Frauen nicht fruchteten, hat der Gesetzgeber bestimmte Frauenquoten für die oberen Führungsebenen der Unternehmen schließlich angeordnet[146], damit Struktur und Handhabung der Corporate Governance endlich weiblicher geformt werden. Über die tatsächliche Umsetzung der Anordnung ist in der Erklärung zur Unternehmensführung zu berichten[147].

Um aufkommende Gefühlswallungen beim Thema „Frauenquote" zu dämpfen, sprechen Aktivisten von ***Gender Diversity*** und *Gender Mainstreaming*, wenn sie die Gleichstellung von Mann und Frau in den Spitzengremien der Unternehmen im Kopf haben. Sie fordern, dass die Verwaltungsorgane ordentlich „gegendert" werden[148].

Unbeantwortet ist bisher die Frage, wie ohne Gefährdung der angestrebten Geschlechterquote mit Transgendern zu verfahren ist, also mit Personen, die ihre Geschlechtszugehörigkeit nicht akzeptieren oder darüber im Ungewissen sind. Die anstehende Debatte hat mit der Diskussion über geschlechtsneutrale oder Unisex-Toiletten gerade erst begonnen.

Anzumerken ist, dass mit Vielfalt auch andere unternehmensrelevante Eigenschaften gemeint und wichtig sind, wie Alter, Ausbildung, Beruf, Knowhow, Integrität sowie Sprachkenntnisse, Digitalkompetenz, religiöse Orientierung u. a. m.

2.3.3 Auswirkungen

Sexologen, Sozialforscher und Frauenversteher sind sicher, dass Frauen im Vergleich zu Männern über effektivere Kommunikationsfähigkeiten und ein stärker ausgeprägtes Nachfragebedürfnis verfügen und eine größere Risikoaversion haben. Außerdem besitzen sie eine höhere Innovationskraft, was u. A. für bilanzpolitische Gestaltungen bereichernd sein kann. Die *Gender Diversity* in Vorstand und Aufsichtsrat wird auch Auswirkungen auf die Abschlussprüfung und ihre Täter haben.[149]

146 §§ 76, Abs. 4 und 111 Abs. 5 AktG.

147 §§ 289f bzw. 315d HGB.

148 Zu diesen neusprachlichen Begriffen wird auf den Duden, Die deutsche Rechtschreibung, 28. Auflage 2020 verwiesen.

149 *Velte*, Einfluss der Gender Diversity im Aufsichtsrat auf die externe Abschlussprüfung, ZCG 2017, S. 219 ff und S. 276 ff.

Genderexperten gehen davon aus, dass mit höherem Frauenanteil in Vorstand und Aufsichtsrat nicht nur deren Sitzungen länger dauern, sondern auch mehr zeitliche und fachliche Ressourcen vom Abschlussprüfer abgerufen werden. Letzteres führt zu der Gewissheit, dass die Prüfungshonorare künftig nicht unerheblich steigen werden.

Das Institut der Wirtschaftsprüfer hat dem DCGK einen mehr- und vielseitigen Prüfungsstandard gewidmet.[150] Dort heißt es: „So ist es Aufgabe des Abschlussprüfers, im Rahmen der Prüfung des Jahres- und Konzernabschlusses festzustellen, ob die Angabe der Entsprechenserklärung im Anhang enthalten, vollständig und zutreffend ist, ohne dass ihr Inhalt Gegenstand der Abschlussprüfung wird“[151]. Dieser Mut zur Erwartungslücke verdient Hochachtung.

Nach den Empfehlungen des DCGK soll mit dem Abschlussprüfer vereinbart werden, dass er den Aufsichtsrat oder den Prüfungsausschuss unverzüglich über alle wesentlichen Feststellungen und Vorkommnisse unterrichtet, die ihm bei der Durchführung der Abschlussprüfung zur Kenntnis gelangen. Bedeutsame Feststellungen dieser Art wären z. B. eine ausgeprägte Kontaktarmut zwischen Vorstand und Aufsichtsrat, Lücken oder undichte Stellen im Berichtswesen oder ein Dachschaden im Berichtsgebäude, der Vorstand oder Aufsichtsrat im Regen stehen lässt.

Der Aufsichtsrat soll ferner vereinbaren, dass ihn der Abschlussprüfer informiert und im Prüfungsbericht vermerkt, wenn er Tatsachen feststellt, die eine Unrichtigkeit der Entsprechenserklärung ergeben, z.B. wenn sich der Aufsichtsrat bei der Anzahl der weiblichen Vorstandsmitglieder verrechnet hat oder wenn er verschweigt, dass er noch nie ohne den Vorstand getagt hat.

2.4 Das Leitwesen

2.4.1 Zusammensetzung

Die Inhaber von Einzelunternehmen, die geschäftsführenden Gesellschafter von Personengesellschaften und die Vorstände oder Geschäfts-

150 IDW Prüfungsstandard: Auswirkungen des Deutschen Corporate Governance Kodex auf die Abschlussprüfung (IDW PS 345) IDW Life 2017, S. 1036 ff.

151 IDW PS 345, IDW Life, S. 1036.

führer von Kapitalgesellschaften oder Genossenschaften repräsentieren das Leitwesen des Unternehmens. Dieses wird wesentlich vom Managementbetrieb bestimmt, der im Kapitel I.2 beschrieben wird. Darüber hinaus richten sich Art und Ausmaß der Leitungsmacht nach der Rechtsform des Unternehmens. Die tatsächliche Handhabung wird von der Persönlichkeit der Topmanager bestimmt, ist also unbeschreiblich.

Die Corporate Governance ist in Deutschland insbesondere im Aktiengesetz geregelt. Die AG wird vom Vorstand geleitet und gesetzlich vertreten. Der Aufsichtsrat hat die Vorstandsmitglieder zu bestellen und ggf. abzubestellen. Bei börsennotierten oder mitbestimmten Gesellschaften müssen Zielgrößen für den **Frauenanteil** im Aufsichtsrat und im Vorstand sowie in den beiden unter dem Vorstand angesiedelten Führungsebenen festgelegt werden.

Liegt der Frauenanteil bei Festlegung der Zielgrößen unter 30%, dürfen die erreichten Anteile nie mehr unterschritten werden[152]. Gleichzeitig sind Fristen von höchstens fünf Jahren zur Erreichung der Zielgrößen festzulegen. Bei der Prüfung der Ziele und Fristen ist besonders auf eine schutzwürdige Mindest-Teilhabe von Männern, evtl. auch von Frauen, zu achten, um die positiven Auswirkungen der geschlechtlichen Vielfalt auf die Gruppenintelligenz[153] sicherzustellen.

Umstritten ist, ob die Vorstandssekretariate der obersten Führungsebene zuzurechnen oder als 2. Führungsebene einzustufen sind[154]. Da Chefsekretärinnen oder -sekretäre nicht zu den gesetzlichen Vertretern des Unternehmens gehören, wird man sie als Angehörige der 2. Führungsebene klassifizieren müssen.

Bei börsennotierten und der Mitbestimmung unterliegenden Gesellschaften müssen im Vorstand, der aus mehr als drei Personen besteht, mindestens eine Frau und ein Mann Mitglied sein[155]. Zugleich wird den Vorstandsmitgliedern das Recht eingeräumt, den Aufsichtsrat um

152 Siehe dazu *Ringström*, Nachhaltigkeit minimaler Zielwerte, Köln 2015.

153 Grünbuch der EU-Kommission zur Abschlussprüfung vom 13.10.2010, S. 7.

154 Bejahend *Suhrbier*, Die Dominanz der Frauen in der Unternehmenshierarchie, Hamburg, 3. Auflage 2015, S. 187 m.w.N.; A. A. *Macke-Schrötter*, Vorzimmerlegenden, Bonn 2016, S. 211.

155 § 76 Abs. 3a AktG.

Widerruf der Bestellung zu ersuchen, wenn sie wegen Mutterschutz, Elternzeit, Pflege eines Familienangehörigen oder Krankheit ihren Vorstandspflichten vorübergehend nicht nachkommen kann. Offen ist, ob oder welche Haustiere, die intensiver Pflege bedürfen, als Familienangehörige i.S.d. Gesetzes anzusehen sind. Der Aufsichtsrat muss die Wiederbestellung nach Ablauf der Schutzfristen für den Mutterschutz und sonst in einem Zeitraum bis zu drei Monaten zusichern[156]. Er kann aus wichtigem Grund die Zusicherung widerrufen.

Der Vorstand der AG ist vom Gesetz her als Kollegium gleichberechtigter Mitglieder angelegt. Das hat viele Jahre bestens funktioniert. Daher wurde nach mehrjährigen Zweifeln im Kodex die Empfehlung gestrichen, dass nach dem Vorbild des amerikanischen *Chief Executive Officers* (CEO) ein Vorstandsvorsitzender gekürt werden sollte, der wesentlich gleicher ist als die übrigen Vorstandsmitglieder.

Trotz zunehmender gesetzlicher Vorkehrungen lästern Intellektuelle oder Gewerkschaftler über eklatante Managementschwächen und zu hohe Bezüge der Manager bei zu geringem Verdienst[157]. Wenn in Hauptversammlungen, in Universitäten oder an Stammtischen über Schwächen von Topmanagern oder Aufsichtsräten diskutiert wird, wird selten nach den Ursachen gefragt. Hier kann Aufklärung nicht schaden.

2.4.2 Allüren

Hauptauslöser für ein **auffälliges Verhalten** von Topmanagern sind vor allem belastende Ungewissheiten über die weitere Karriere und der Stress bei dem bevorzugten Umgang mit prominenten Kollegen oder Aufsichtsmitgliedern. Sie merken, dass die Verweildauer in Spitzenpositionen oft kürzer ist als ihre Inhaber planen oder glauben wollen. Nicht selten und für sie plötzlich wird ihre Anwesenheit von maßgeblichen, dem Unternehmen nahestehenden Personen nicht mehr geschätzt. Deshalb halten viele Spitzenmanager ständig Ausschau nach höheren oder gleichbedeutenden Posten. Aus denselben Gründen wollen Topmanager gleich- oder höherrangigen Gesprächspartnern stets imponieren, auch

156 § 84 Abs. 3 AktG.
157 Leider in einigen Fällen zu Recht.

wenn sie dafür Bewegungsmangel und zu üppige Ernährung in Kauf nehmen müssen.

Die **Leit- und Leidstruktur** jedes Unternehmens ist als Pyramide ausgebildet, bei der die fachlichen und produzierenden Leistungen zur Spitze hin abnehmen und die körperliche Anstrengung vom Muskeleinsatz zur Nahrungsaufnahme verlagert wird. Geschäftsessen können Topmanager auch ohne Arbeit ausfüllen. Sie sprechen von ihrer „verzehrenden Tätigkeit", wenn der hastige Verzehr einsam eingenommener Mahlzeiten zunehmend von den Strapazen opulenter Geschäftsessen abgelöst wird.

Zusätzliche Komplikationen ergeben sich, wenn der bequeme Chefsessel wegen vieler Konferenzen und interkontinentaler Geschäftsreisen über längere Zeiträume gegen beengte Sitze ausgetauscht wird, bei denen wichtige Saft- und Nervenstränge eingeklemmt werden. Derartige Verklemmungen erleiden zwar auch normale Unternehmensangehörige, doch Topmanager empfinden hierbei eine ungewohnte Erniedrigung, welche die Leiden extrem verschlimmert. Daher wird ihnen meist die Benutzung einer bequemeren Reiseklasse zugestanden.

Hinzu kommt der enorme **Überwachungsdruck**, dem Vorstandsmitglieder ausgesetzt sind und den sie auch noch selbst befeuern müssen, indem sie den Aufsichtsrat regelmäßig oder ad hoc informieren, damit dieser sie überwachen kann. Diese dauernden Selbstanzeigen erfordern Fingerspitzengefühl, denn sie dürfen das eigene Ansehen nicht gefährden und den Aufsichtsrat nicht in Panik versetzen.

Das sonst ausgeprägte Mitteilungsbedürfnis selbstbewusster Topmanager verstummt instinktiv bei Informationen, die ihre Tätigkeit in einem ungünstigen Licht erscheinen lassen. Jeder erfahrene Manager weiß: Kontrolle ist unvermeidlich, aber Transparenz liefert ans Messer. Ein umsichtiger Vorstand wird daher die für ihn unangenehmen Unternehmensprobleme gegenüber dem Aufsichtsrat erst ansprechen, wenn alle anderen Möglichkeiten erschöpft sind.

In der Vergangenheit wurde die unmenschliche Härte der Selbstbezichtigungen dadurch gemildert, dass dem Aufsichtsrat keine Planzahlen zugemutet und Ist-Ergebnisse nur mit erheblicher Verzögerung mitgeteilt wurden. Aber seit 1998 muss der Vorstand den Aufsichtsrat regelmäßig auch über die Unternehmensplanung und ihre Umsetzung unterrichten. Dieses *Follow-up* nähert sich dem gefährlichen Soll-Ist-Vergleich und verführt sensible Führungskräfte, über ungünstige Soll-Ist-Abweichungen in stark ver- oder gedichteter Form zu berichten.

2.5 Der Aufsichtsrat

2.5.1 Rangstellung

Im dualistischen Corporate-Governance-System ist der Aufsichtsrat als **hochstehendes Organ** mit noch höherem Ansehen fest etabliert. Bei sorgfältiger Pflege ist es prächtig entwickelt und verhält sich störungsfrei. Daher ist die grundlegende Frage, ob der Aufsichtsrat nützlich oder überflüssig ist, stets mit einem klaren „Ja“ beantwortet worden. Dennoch wird die irdische Herkunft der Aufsichtsräte nur selten bezweifelt[158].

Ein respektabler Aufsichtsrat besteht aus repräsentablen Influencern und anderen mehr oder weniger auffälligen Anteilseigner- und Arbeitnehmervertretern, die überzeugt sind, alles zu wissen, was für ein langes und erfolgreiches Leben des Unternehmens relevant ist. Gelegentlich auftretende Defizite substituieren sie durch eine feierliche Körperhaltung. Merke: Spitzenleute kann man überall hinstellen – nur nicht auf die Probe.

Das Amt des Aufsichtsrats ist vom Gesetzgeber als **Nebentätigkeit** konzipiert. Obwohl nörgelnde Kritiker das als Amateurstatus bemängeln, wird die Aufsichtsratstätigkeit von prominenten Spitzenkräften gern als standesgemäßes Hobby mehrfach ausgeübt. Nach ihrer Meinung ist ein Aufsichtsratsrat umso professioneller besetzt, je mehr Aufsichtsratsmandate die Aufsichtsratsmitglieder gleichzeitig wahrnehmen.

Der **Trend zu Mehrfachmandaten** ist ungebrochen. Er wird geduldet, weil Aufsichtsratsmitglieder in der Regel direkt wenig Schaden an-

158 Noch immer zweifelnd, aber mit zahlreichen Nachweisen irdischer Erscheinungen: *Grünspan*, Schutz für den Überwachtelkönig, Hamburg 1997, siehe auch schon *Knitterfels*, Geheimbündelei und rechtsstaatliche Ordnung, Karlsruhe 1982.

richten können[159]. Der Gesetzgeber hat allerdings festgelegt, dass zehn Aufsichtsratsmandate pro Person genug sind, wobei bis zu fünf Aufsichtsratssitze bei Konzernunternehmen nicht angerechnet werden[160]. Darüber hinaus empfiehlt der DCGK weitergehende Begrenzungen der Mandatszahl einzelner Personen[161].

Die **Zahl der Aufsichtsratsmitglieder** eines Unternehmens richtet sich nach Gesetz oder Satzung und kann die Größe einer Volksschulklasse erreichen. Voll arbeitsfähig ist ein Aufsichtsrat, der höchstens fünf Mitglieder umfasst, von denen mindestens zwei verhindert sind. Die gesetzlichen Regelungen, namentlich das Mitbestimmungs-Gesetz, stellen sicher, dass der Aufsichtsrat bei größeren Unternehmen eine arbeitsunfähige Größe erreicht.

Je größer der Aufsichtsrat ist, umso leichter lässt sich das Bedürfnis renommierter Mitglieder kompensieren, anderweitige Engagements der Teilnahme an Aufsichtsratssitzungen vorzuziehen. Es muss jedoch die Beschlussfähigkeit des Aufsichtsrats beachtet werden, die gesetzlich oder satzungsgemäß geregelt sein kann. Ist das nicht geschehen, muss mindestens die Hälfte der Mitglieder anwesend sein.

In diesem Zusammenhang wird diskutiert, ob und in welchem Umfang Heimarbeit oder Homeoffice für Aufsichtsräte zulässig und sinnvoll sind. Konservative Kreise meinen, dass Aufsichtsratsmitglieder wenigstens einmal jährlich im Verwaltungsgebäude des Unternehmens zusammenkommen sollten.

2.5.2 Aufgaben

Der Aufsichtsrat hat zwei wichtige Aufgaben: (1) Er ist allein zuständig für die Bestellung, Wiederbestellung und Abbestellung von Vorstandsmitgliedern, auch wenn Hauptaktionäre oder Vorstandsvorsitzende das manchmal vergessen. (2) Er muss die Geschäftsführung des Vorstands überwachen.

159 Wegen des angloamerikanischen Boardsystems blieb Adams (The Dilbert-Principle, New York 1986) disee bemerkenswerte Erweiterung des Dilbert-Prinzips verborgen.

160 § 100 Abs.2 Nr. 1 AktG.

161 DCGK, C.4 und 5.

(1) Obwohl der Aufsichtsrat bis auf den Vorstand nichts zu bestellen hat, sagt das Aktienrecht wenig Brauchbares aus über die gebotene Qualifikation von Vorstandsmitgliedern und über seriöse Bezugsquellen. Wenn bei einer anstehenden **Vorstandsbestellung** kein Kandidat mit verwandtschaftlichen Verbindungen zum Hauptaktionär oder zum amtierenden Aufsichtsratsvorsitzenden bekannt ist, ist der Aufsichtsrat dankbar, wenn nach gefestigtem Brauch der Vorstandsvorsitzende einen prädestinierten Kandidaten benennt. Es bleibt dem Aufsichtsrat aber nicht erspart, den Kandidaten, möglichst vor dessen Bestellung, nach Herkunft, Abhängigkeiten und Ausbildung selbst zu befragen.

Weiß der Kandidat, Banales mit Würde und Bedeutsamkeit vorzutragen, kann der Aufsichtsrat mit seiner Bestellung wenig falsch machen. Denn Banales erzeugt keinen Widerspruch, Würde entspricht der hierarchischen Einstufung und Bedeutsamkeit unterstreicht das erwartete Selbstbewusstsein. Im Übrigen vertraut der Aufsichtsrat auf die göttliche Eingebung. Obwohl die meisten Ämter nicht von Gott vergeben werden, vertraut der Aufsichtsrat darauf, dass Gott dem Aspiranten den für das Amt notwendigen Verstand gibt.

Die **Wiederbestellung** von Vorstandsmitgliedern ist Routine, die relativ selten durch den Zusammenbruch des Unternehmens, die Verärgerung des Vorstands- oder Aufsichtsratsvorsitzenden oder das Erreichen des Pensionsalters verhindert wird. Trotzdem empfiehlt der DCGK, dass sich Aufsichtsrat und Vorstand regelmäßig mit der Nachfolgeplanung für die Vorstandsmitglieder befassen[162].

Die Schwierigkeit der **Nachfolgeplanung** liegt in der Tatsache, dass sich Vorstandsmitglieder nicht für normale Sterbliche halten und sich daher einen hinreichend begabten Nachfolger kaum vorstellen können. Obwohl sie nachdrängende Mitarbeiter für zu ehrgeizig halten, akzeptieren sie mangels Alternativen, dass nachgeordnete Führungskräfte als potenzielle Nachfolger in die Planungsformulare eingetragen werden. Wenn der Aufsichtsrat diese Kandidaten bisher nicht kennengelernt hat, sollten sie bei nächster Gelegenheit dem Aufsichtsrat in personam vorgestellt werden.

[162] DCGK B.2

(2) Der Aufsichtsrat muss die **Geschäftsführung** der von ihm bestellten Vorstandsmitglieder unverdrossen **überwachen**. Er soll den Vorstand daran hindern, etwas falsch zu machen, auch wenn der Aufsichtsrat selbst nicht immer weiß, was richtig ist. Der Aufsichtsrat darf sich jedoch nicht in die Geschäftsführung des Vorstands einmischen, und zwar auch dann nicht, wenn der Vorstand genehmigungspflichtige Geschäfte vor der Zustimmung des Aufsichtsrats tätigt. Hier sind andere Maßregelungen angebracht.

Zur Überwachung der Geschäftsführung gehört auch die Prüfung von Abschluss und Lagebericht und anderen Instrumenten der Rechnungslegung. Der Aufsichtsrat hat deren Recht- und Ordnungsmäßigkeit sowie die Wirtschaftlichkeit und Zweckmäßigkeit zu prüfen. Das liefert reichlichen Stoff für Gespräche mit Vorstand und Abschlussprüfer.

Die erfolgreiche Überwachung der Geschäftsführung ist bei gut gemanagten Unternehmen ein bis heute wohl gehütetes Geheimnis[163]. Damit es so bleibt, empfiehlt der DCGK, dass der Aufsichtsrat einmal im Jahr seine Effizienz im Wege der **Selbstbeurteilung** überprüft. Die Evaluierung kann somit nicht durch Applaus oder Buhrufe Außenstehender gestört werden. Da nicht nur die Selbsteinschätzung, sondern auch die Einschätzung von Kollegen bei sensiblen Aufsichtsratsmitgliedern zu Depressionen führen kann, bieten Heilpraktiker für Unternehmen ihre Dienste als Moderatoren oder Psychiater an.

2.5.3 Die Mitglieder

Die **Mitbestimmungsgesetze** sehen bei Kapitalgesellschaften mit mehr als 2.000 Beschäftigten für den Aufsichtsrat eine paritätische Besetzung mit Anteilseigner- und Arbeitnehmervertreter vor, wobei die Arbeitnehmergruppe auf bestimmte Weise zusammengesetzt sein muss[164]. Bei börsennotierten Unternehmen dieser Art müssen im Aufsichtsrat mindestens 30% Frauen und 30% Männer beteiligt sein. Die restlichen 40% sind disponibel[165].

163 *Merkpöstle*, Ich sage nichts – Memoiren eines Geheimrates, Neuauflage Stuttgart 1999.
164 § 7 MitbestG.
165 § 96 Abs. 2 AktG.

Die Mindestanteile für Frauen und Männer sind für den Aufsichtsrat als Gesamtheit zu erfüllen, sodass Fehlmengen auf der Anteilseigner- oder Arbeitnehmerseite durch Mehrmengen der Gegenseite ausgeglichen werden können. Die ungeregelte Restbesetzung von maximal 40 % sollte kritisch daraufhin untersucht werden, ob sie für eine perfekte Zusammensetzung des Aufsichtsrats genutzt oder für eine Diskriminierung des einen oder anderen Geschlechts missbraucht wurde. Der ideal zusammengebaute Aufsichtsrat besteht aus einem Drittel Frauen, einem Drittel Männer und einem Drittel Fachleute jeglichen Geschlechts.

Angesichts der immensen Bedeutung des Aufsichtsrats stellt sich die Frage nach den Qualifikationsanforderungen an seine Mitglieder. Die einst dürftigen gesetzlichen Regelungen wurden in jüngster Zeit milde angereichert. Das Wichtigste vorweg: Mitglied des Aufsichtsrats kann nur eine natürliche, unbeschränkt geschäftsfähige Person werden.

In der Wunschliste der Eigenschaften von Aufsichtsratsmitgliedern steht ihre **Unabhängigkeit** an erster Stelle. Der DCGK empfiehlt seit langer Zeit, dass dem Aufsichtsrat eine angemessene Zahl unabhängiger Mitglieder angehören soll. Die Praxis hat darauf mit großer Teilnahmslosigkeit reagiert. Unabhängige Personen geraten eher zufällig in den Aufsichtsrat. Querdenker beschwichtigen mit dem Hinweis, dass Multiaufsichtsräte unabhängiger seien als Soloaufsichtsräte.

Nunmehr fordert der DCGK nahezu brutal, dass mehr als die Hälfte der Vertreter der Anteilseigner im Aufsichtsrat von der Gesellschaft und vom Vorstand unabhängig sein soll.[166] Diese größere Hälfte schließt die Vorsitzenden des Aufsichtsrats, des Prüfungsausschusses und des mit Vorstandvergütungen befassten Ausschusses ein. Bei mehr als sechs Aufsichtsratsmitgliedern sollen mindestens zwei Vertreter der Anteilseigner, einschließlich des Vorsitzenden des Prüfungsausschusses, unabhängig vom kontrollierenden Aktionär sein.

Darüber hinaus müssen kapitalmarktorientierte Unternehmen über ihre Beziehungen zu **nahestehenden Personen** und über Geschäfte mit

166 DCGK C.7.

solchen Personen berichten[167], um mögliche Interessenkonflikte aufzudecken oder möglichst zu verhindern. Insoweit sind Beziehungen mit Abstand am besten.

Als nahestehende Person ist nicht der Nächste und schon gar nicht die Nächstbeste gemein. Bei der in bedenklicher Nähe stehende Person kann es sich um eine natürliche oder juristische Person handeln, die dem Unternehmen mangels ausreichender Distanz auf die Füße treten oder unter die Arme greifen kann oder der das Unternehmen gleiches antun kann.

Zu dem illustren Kreis der nahestehenden Personen gehören insbesondere Gesellschafter, Vorstands- und Aufsichtsratsmitglieder und deren Familienangehörige sowie abhängige und herrschende Unternehmen. Um Schwulitäten zu vermeiden, werden nicht-heterosexuelle Partner, Gewerkschaften, der Fiskus und ähnliche Personen als nicht ganz dicht betrachtet und somit zu den fernstehenden Personen gerechnet.

Der Aufsichtsrat entscheidet selbst über die Unabhängigkeit seiner Mitglieder. Als **Anzeichen unerwünschter Abhängigkeit** nennt der Kodex

- nahe familiäre Beziehungen zu einem Vorstandsmitglied oder zu einem kontrollierenden Aktionär,
- wesentliche variable Vergütungen von der Gesellschaft oder
- eine zwölfjährige Mitgliedschaft in demselben Aufsichtsrat.[168]

Das letztgenannte Anzeichen unterstellt brutal, dass Amtsinhaber mit zunehmender Amtsdauer ihre Unabhängigkeit und Unbescholtenheit verlieren und in ihrem Elan erschlaffen. Das sollte jedem Amtsträger zu denken geben, damit er sich rechtzeitig in Sicherheit bringt.

Wird trotz Vorliegen eines oder mehrerer Indikatoren der Abhängigkeit ein Aufsichtsratsmitglied als unabhängig eingestuft, muss sich der Aufsichtsrat für die Erklärung zur Unternehmensführung (§ 289f bzw. § 315d HGB) eine passable Begründung einfallen lassen.[169]

[167] Ebenso IAS 24 und DRS 11.

[168] Die Empfehlungen der EU-Kommission zur Unabhängigkeit von Organmitgliedern vom 15. 2. 2005 (2005/162/EG, ABl L 52/51) sehen den Verlust der Unabhängigkeit schon nach drei Jahren Amtszeit.

[169] DCGK-E, B.9.

Um der bisher trägen Unabhängigkeitsbewegung von Aufsichtsräten Beine zu machen, bedarf es unkonventioneller Impulse. Der allgemein beklagte Fachkräftemangel betrifft zwar die Aufsichtsräte nur bedingt, doch unabhängige Aufsichtsratsmitglieder sind eine ausgesprochene Rarität. Aufsichtsräte werden nämlich nicht in freier Wildbahn gesucht, sondern in Netzwerken familiärer Banden und näherer Bekanntschaften eingefangen. Eine Ausweitung des Jagdgebietes und verstärktes Stöbern nach unabhängigen Aufsichtsratskandidaten mit Kleinanzeigen, Flyern, Fernsehspots oder Ausschreibungen sind unvermeidbar.

Fachliche **Qualifikationen** werden von den Aufsichtsratsmitgliedern im Gesetz nur vage angesprochen. Als Folge des Wirecard-Skandals (siehe Kapitel D 1.2) muss im Aufsichtsrat von Unternehmen von öffentlichem Interesse (PIE) künftig mindestens ein Mitglied über Sachverstand auf dem Gebiet Rechnungslegung und mindestens ein weiteres Mitglied über Sachverstand auf dem Gebiet Abschussprüfung verfügen. Diese Sachverständigen werden kurz und irreführend kurz als **„Finanzexperten“** bezeichnet.

Im Übrigen wird der Aufsichtsrat hinsichtlich erforderlicher Qualifikationen als Kollektiv betrachtet, d.h. die Mitglieder müssen in ihrer Gesamtheit über das Wissen, Knowhow und Erfahrungen verfügen, um die Aufgaben des Aufsichtsrats erfüllen zu können. Immerhin verlangt der Gesetzgeber[170], dass alle Mitglieder des Aufsichtsrats unabhängig von Herkunft, Ausbildung und sexueller Orientierung mit dem Sektor, in dem das Unternehmen tätig ist, vertraut sein müssen (§ 100 Abs. 5 AktG).

2.5.4 Einrichtung von Ausschüssen

Übervölkerten Aufsichtsräten wird empfohlen, den durch ihren Mitgliederüberschuss verursachten Ausschuss durch die Einrichtung von Ausschüssen zu verringern[171]. Bei vielen von der Mitbestimmung heimgesuchten Unternehmen werden die Aufsichtsratsausschüsse paritätisch und mit mindestens der Hälfte der Aufsichtsratsmitglieder besetzt,

170 § 100 Abs. 5 AktG-E.

171 So schon Begründung zum KonTraG (Ernst/Seibert/Stuckert (1998), S. 77). Siehe auch Müllheimer, Die Entleerung der Vollversammlung, Stanford 2018.

sodass die Ineffizienz des Plenums auf die Ausschüsse ohne große Umstände übertragen wird.

Neben einem Prüfungsausschuss ((Kapitel 2.5.5) sind für alle speziellen Angelegenheiten möglich, mit denen sich nicht alle Aufsichtsratsmitglieder befassen wollen oder müssen. Häufig trifft man auf einen Personal-, Nominierungs- oder Investitionsausschuss. Auch für die Zustimmung für Geschäfts mit nahestehenden Personen[172] kann ein Ausschuss eingerichtet werden. Denkbar wäre auch ein Veranstaltungsausschuss für Betriebsversammlungen, Firmenjubiläen oder Teilnahme am Christopher-Street-Day.

Bei Aufsichtsräten mit größerer Population erleichtert die Einrichtung eines **Präsidiums** den Überblick. Dieser besondere Ausschuss setzt sich in der Regel aus dem Vorsitzenden, seinem Stellvertreter und zwei weiteren prominenten Multiaufsichtsräten zusammen. Das Präsidium bereitet die Aufsichtsratssitzungen und dessen Themen vor und nach und formuliert anstehende Beschlüsse des Aufsichtsrats. Insbesondere in kritischen Situationen und bei heiklen Themen bewährt es sich Taskforce.

Die Präsidiumsmitglieder haben in den Sitzungen einen exponierten Platz, um die gemeinen Mitglieder im Auge haben, Präsentationen optimal verfolgen und sonstigen Bedürfnissen schneller genügen zu können.

2.5.5 Prüfungsausschuss

Besonders empfohlen und für Unternehmen von öffentlichem Interesse ausdrücklich vorgeschrieben ist der **Prüfungsausschuss**,[173] der u.a. engen Kontakt zum Abschlussprüfer pflegen soll. Er wird weltweit als Prophylaxe gegen Unregelmäßigkeiten, Bilanzdelikte und Kontrollschwächen gepriesen. Zu Nebenwirkungen sollte der Betriebsarzt gefragt werden. Dabei muss man wissen, dass mit Prüfungsausschuss weder unlesbare Berichtsentwürfe des Abschlussprüfers noch unangebrachte Prüfungszeichen unerfahrener Prüfungsassistenten gemeint

172 § 111b Abs. 1 AktG.

173 § 107 Abs.3 Satz 2 AktG.

sind. Vielmehr ist der Prüfungsausschuss ein bilanzscharf eingestelltes Sondereinsatzkommando des Aufsichtsrats.

Entgegen der landläufigen Meinung kann ein Prüfungsausschuss auch ohne Aufsichtsrat existieren. Unternehmen von öffentlichem Interesse die keinen Aufsichtsrat oder Verwaltungsrat haben[174], müssen einen Prüfungsausschuss mit mindestens einem Finanzexperten einrichten (§ 324 HGB). Die Mitglieder des Prüfungsausschusses sind von den Gesellschaftern der Kapitalgesellschaft zu wählen.

Bei einem PIE müssen dem Prüfungsausschuss analog zum Aufsichtsrat mindestens zwei Finanzexperten angehören. Die zwei Sachverständigen in Aufsichtsrat und Prüfungsausschuss können, müssen aber nicht identisch sein, sodass im Aufsichtsrat eines PIE leicht vier Finanzexperten untergebracht werden können.

Der Prüfungsausschuss soll

- den Rechnungslegungsprozess (Kapitel V 2.1.1),
- die Wirksamkeit des internen Kontrollsystems,
- das Risikomanagementsystem,
- die interne Revision,
- die Abschlussprüfung (insbesondere die Auswahl und Unabhängigkeit des Abschlussprüfers, die Qualität der Abschlussprüfung; Kapitel D 2) und
- die vom Abschlussprüfer zusätzlich erbrachten Leistungen überwachen.

Gegenüber den für die genannten Überwachungsthemen zuständigen Leiter der Zentralbereiche wird den Mitgliedern des Prüfungsausschusses bei PIEs über den Ausschussvorsitzenden ein direktes, d.h. ohne Einschaltung des Vorstands gegebenes Auskunftsrecht eingeräumt. Dieser Eingriff in die Auskunftshoheit des Vorstands wird allerdings durch abschreckende Umständlichkeit erschwert[175].

174 Dieser Rückfall in das monistische System betrifft die SE.
175 Vetter, Das Auskunftsrecht des Prüfungsausschusses nach § 107 Abs. 4 AktG, AG 2021, S. 584 ff.

Das einzelne Ausschussmitglied muss von seinem Individualrecht Gebrauch machen, wenn aus der Überwachungsverantwortung eine Auskunftseinholung geboten ist. Das Auskunftsersuchen ist an den Ausschussvorsitzenden zu leiten. Dieser muss prüfen, ob die gewünschte Auskunft die Aufgaben des Prüfungsausschusses berührt, bevor er das Auskunftsbegehren als Bote an die auskunftspflichtigen Personen weiterleitet. Er wird daher auf der schriftlichen Formulierung des Auskunftsersuchens bestehen. Der Vorstand ist über die Auskunftseinholung unverzüglich zu informieren.

2.5.6 Sitzungen

Die offiziellen Zusammentreffen der Aufsichtsratsmitglieder nennt man Sitzungen, weil sie auf Dauer nur im Sitzen zu ertragen sind und Aufsichtsräte nicht schwanken oder gar umfallen sollen. Die Mindestdauer einer ordentlichen Aufsichtsratssitzung beträgt drei Stunden. Da die Präliminarien wie Begrüßung, Genehmigung der Tagesordnung und Verabschiedung des Protokolls der letzten Sitzung selten mehr als eine Stunde beanspruchen und die Informationen des Vorstands und deren Diskussion leicht in 105 Minuten abgefertigt werden können, bleibt genügend Zeit für die Platzsuche sowie für das Ein- und Auspacken von Unterlagen oder etwaigen Aufmerksamkeiten des Vorstands. Auch in guten Zeiten des Unternehmens sollte die Aufsichtsratssitzung länger dauern als das Gastmahl für den Aufsichtsrat[176].

Apropos Aufsichtsratsessen: Ein cleverer Vorstand wird das festliche Diner möglichst vor der Aufsichtsratssetzung ansetzen, denn „ein voller Bauch moniert nicht gern“

In der Regel sind im Jahr **vier ordentliche Zusammenkünfte** der Aufsichtsratsmitglieder vorgesehen, auch wenn die dem Aufsichtsrat zur Verfügung gestellten Überwachungsinformationen nur für zwei Sitzungen pro Jahr ausreichen. Zur Auffüllung des empfohlenen Pensums sind der Würde des Aufsichtsrats angemessene Rahmen- und Unterhaltungs-

[176] Dieser Tatbestand ist wichtig für den Abschlussprüfer, wenn er nicht nur zur Bilanzsitzung des Aufsichtsrates, sondern auch zu dem anschließenden, für das Prüfungsmandat viel wichtigeren Essen eingeladen wird.

programme gefragt, die an das Einfall- und Einfühlungsvermögen der Vorsitzenden von Aufsichtsrat und Vorstand appellieren.

Als **Teilnehmer** an den Sitzungen des Aufsichtsrats und seiner Ausschüsse sind in der Regel neben allen Aufsichtsrats- oder Ausschussmitgliedern auch alle Vorstandsmitglieder einberufen, um den Aufsichtsrat zu informieren, aufzuklären und anderweitig aufzuheitern. Nach der Empfehlung des Kodex soll der Aufsichtsrat aber auch regelmäßig ohne den **Vorstand** tagen. Die vorstandslosen Sitzungen erlauben kritische Diskussionen über Auftritt, Performance und Darstellung der Abwesenden.

Bei Unternehmen von öffentlichem Interesse sollen die Vorstandsmitglieder an den Aufsichtsratssitzungen nicht teilnehmen, wenn der **Abschlussprüfer als Sachverständiger** hinzugezogen wird (§ 109 Abs. 1 AktG). Damit soll die vertrauliche Kommunikation zwischen Aufsichtsrat und Abschlussprüfer gefördert werden. Zum Trost oder aus anderen Gründen kann der Aufsichtsrat oder sein Ausschuss beschließen, dass die Teilnahme des Vorstands erforderlich ist. Damit ist es möglich, den Vorstand zur Bilanzsitzung einzuladen.

Andere Hilfspersonen wie Assistenten, Pflegekräfte oder Aktenträger sollen an der Aufsichtsratssitzung nicht teilnehmen. Auch Lebenspartnern der Aufsichtsratsmitglieder ist die Teilnahme generell versagt. Sachverständige und Auskunftspersonen können aber zur Beratung über einzelne Gegenstände hinzugezogen werden.

Saisonaler Höhepunkt der Aufsichtsratstätigkeit ist die sog. **Bilanzsitzung**, in welcher der durch den Prüfungsbericht des Abschlussprüfers vorgewarnte Aufsichtsrat den Jahresabschluss und ggf. den Konzernabschluss nebst Lagebericht verabschieden soll. Außerdem formuliert der Aufsichtsrat in dieser Sitzung den Beschluss der Hauptversammlung für seine Entlastung und die des Vorstands.

Damit sich Vorstand und Aufsichtsrat in der Bilanzsitzung nicht völlig unbemerkt gegenseitig auf die Schulter klopfen, ist die Anwesenheit des Abschlussprüfers in der Bilanzsitzung vorgeschrieben, der sich dabei oft verloren vorkommt.

Der **paritätischen Mitbestimmung** von Anteilseignern und Arbeitnehmern ist es zu verdanken, dass die Aufsichtsratstreffen zu gesellschaftlichen Events geworden sind, in denen die Erledigung der Tagesordnung zelebriert wird. Um das Ritual der Aufsichtsratssitzungen nicht durch Kritik oder kleinliche Nachfragen aufzuhalten, werden die unvermeidbaren Beschlüsse des Aufsichtsrats in getrennten **Vorbesprechungen** der Anteilseigner- und der Arbeitnehmervertreter bis zum allfälligen Konsens vorbereitet[177]. Die getrennten Vorbesprechungen haben den Vorteil, dass der Vorstand die unumgänglichen Informationen zielgruppenorientiert gestalten kann, um gewünschte Beschlüsse des Plenums zu stimulieren.

Die Einschaltung von Vorbesprechungen darf jedoch nicht zur Kastration der Aufsichtsratssitzungen führen und die Überwachungstätigkeit des Aufsichtsrats nicht zur Randerscheinung werden lassen. Damit formal richtige Beschlüsse gefasst werden können, halten Gesetz- und Kodexgeber weiterhin an den Sitzungen des Gesamtaufsichtsrates und an der Teilnahmepflicht für sämtliche Aufsichtsrats- und Vorstandsmitglieder fest.

Die Zeit, die ein Aufsichtsratsmandat beansprucht, wird von den Betroffenen seit jeher erheblich unterschätzt. Es wird übersehen, dass der **Zeitaufwand** für eine ausreichende Vorbereitung oft wesentlich größer ist als der Zeitbedarf für die Aufsichtsratssitzung und für An- und Abreise zum bzw. vom Sitzungsort. Das gilt auch, wenn die Vorbereitung üblicher Weise während der Anreise zum Sitzungsort erledigt wird.

Die generelle Zeitknappheit prominenter Aufsichtsratsmitglieder wird im Allgemeinen toleriert, um Besetzungsprobleme für das wichtige Überwachungsorgan zu vermeiden. Umso mehr befremdet die Empfehlung des DCGK, dass im Bericht des Aufsichtsrates vermerkt werden soll, an wie vielen Sitzungen das einzelne Aufsichtsratsmitglied teilgenommen hat[178]. Das könnte diskriminierend sein. Um den Grundsatz „Prominenz statt Präsenz“ zu retten, sollte über ein adäquates Teilzeitmodell für Aufsichtsratsmitglieder nachgedacht werden.

177 Aufklärend *Dünkelmann*, Konsens als Nonsens, Frankfurt 1998.
178 DCGK D.8.

2.6 Altersgrenzen für Organmitglieder

Seit jeher empfiehlt der Deutsche Corporate Governance Kodex, die Festlegung einer oberen Altersgrenze für Vorstands- und Aufsichtsratsmitglieder, überlässt ihre Höhe jedoch der Willkür der zuständigen Gremien.

Die in der Praxis festgelegten oder ausgenutzten Grenzen orientieren sich bei **Aufsichtsratsmitgliedern** am Eintritt der Pflegebedürftigkeit oder Transportunfähigkeit. Nach allgemeinen Erfahrungen empfiehlt sich im Interesse der Nicht-Betroffenen als obere Altersgrenze die Vollendung des 75. Lebensjahres.

Im Unterschied zu den Mitgliedern des Vorstands werden Aufsichtsratsmitglieder nicht pensioniert, sondern verabschiedet. Sie haben als Aufsichtsrat in der Regel keine Pensionsansprüche gegen das Unternehmen, sodass ihr Abschied für das Unternehmen betragsmäßig ein Nullsummenspiel ist. Die bisher an die verabschiedeten Aufsichtsratsmitglieder gezahlten Aufsichtsratsvergütungen werden künftig an ihre Nachfolger geleistet.

Da der Input der Aufsichtsräte oft kaum wahrnehmbar ist, lässt sich die Abschiedsreife von Aufsichtsratsmitgliedern nur emotional bestimmen. Sie gilt allgemein als gegeben, wenn sie nicht mehr reisefähig sind. Ultras fordern ihre Verabschiedung, wenn sie sich in drei aufeinander folgenden Sitzungen nicht erinnern, bei welchem Unternehmen sie tätig sein sollen. Allerdings wird aus Kollegialität über solche Schwächen bis zum Ende der laufenden Amtszeit hinweggesehen.

Für **Vorstandsmitglieder** liegt die Altersgrenze in Deutschland bei normalem Zustand des Unternehmens und unproblematischen Geschäftsverlauf traditionell zwischen 60 und 65 Jahren. In Europa schwankt das gesetzlich oder vertraglich festgelegte Pensionsalter der Manager zwischen 52 und 74 Jahren.

Die festgelegten Pensionierungsalter berücksichtigen, dass drei Jahre vorher die ersten Anzeichen nachlassender Geistes- und Schaffenskraft auftreten und die Gebrechlichkeit anschließend so weit fortschreitet, dass die Pensionierung zum festgesetzten Zeitpunkt auch für die Betroffenen einigermaßen einsichtig ist.

In jüngerer Zeit fällt auf, dass es immer weniger Topmanagern[179] vergönnt ist, aus ihrem hohen Amt „wegen guter Führung“ zum vertraglichen Pensionierungszeitpunkt in den Ruhestand entlassen zu werden. Heute liegt das durchschnittliche Pensionsalter von Vorstandsvorsitzenden eher bei 55 Jahren und die durchschnittliche Verweildauer in dieser Position bei 5 Jahren. Merke: Topmanager, sind bei fortgesetzter Unfreundlichkeit der Realität gegenüber den von ihnen selbst provozierten Zielen nicht gegen eine vorzeitige Pensionierung gefeit.

2.6.1 Der Optimale Pensions-Anfang (OPA)

Die Spannbreite der vorgesehenen und tatsächlichen Altersgrenzen wirft die Frage nach dem Optimalen Pensions-Anfang (OPA) auf. Der OPA entspricht dem Zeitpunkt, in dem der Nutzenwert der Lücke, die der Pensionsberechtigte hinterlässt, höher ist als der Barwert der künftigen Auszahlungen an ihn. Der Nutzenwert der Lücke ist nicht leicht zu ermitteln, weil über den Nutzen von **Topmanager**, der latent durchaus vorhanden sein kann, wenig verlässliche Aufzeichnungen geführt werden.

Als OPA ist der Tag definiert, an dem die Spitzenkraft das Unternehmen endgültig in Ruhe lässt. Soweit das nicht der Fall ist, spricht man von **Scheinruhestand**[180] Typische Beispiele für den Scheinruhestand sind in den Aufsichtsrat entsorgte Vorstandsmitglieder oder Ehrenvorsitzende des Aufsichtsrats, die regelmäßig zur Sitzung dieses Gremiums erscheinen.

Idealerweise sollten der vertragliche und der tatsächliche Pensionierungszeitpunkt mit dem OPA übereinstimmen. Vieles spricht dafür, dass die Durchsetzung des optimalen Pensionierungs-Anfangs die Unternehmen aufwandsmäßig nennenswert entlasten und ihre Antriebskräfte stärken würde.

---

[179] Bei der hohen Stellung der Spitzenkräfte erscheint es passender, von „Emeritierung“ anstatt von „Versetzung in den Ruhestand“ zu sprechen (vgl. *Drengler,* Die Emeritage auf höchster Etage, Düsseldorf 1989, S. 2).

[180] *Brumski* spricht vom formalen und vom faktischen Ruhestand (Der Unruhestand, Frankfurt 2004, S. 123).

2.6.2 Pensionsverpflichtung, Pensionsreife und Pensionsbereitschaft

Als **Pensionsverpflichtung** wird einseitig die Verpflichtung des Unternehmens verstanden, unter festgelegten Voraussetzungen Versorgungsbezüge zu zahlen. Ungeklärt ist, ob der Pensionsberechtigte ebenfalls eine Pensionsverpflichtung in der Form hat, dass er bei Erreichen der Pensionsreife, spätestens aber bei Eintritt des vertraglich fixierten Pensionsalters ohne Murren in Pension geht.

Die **Pensionsreife** ist spätestens dann eingetreten, wenn nach Ansicht der direkten oder mittelbaren Vorgesetzten die Pensionierung des Betroffenen im wirtschaftlichen Interesse des Unternehmens dringend geboten ist. Die Pensionsreife wird also nicht vom Betroffenen, sondern von Dritten festgestellt.

Interessant ist in diesem Zusammenhang, dass sich bei hochrangigen Organmitgliedern die Einschätzung der eigenen Pensionsreife und die der Kollegen während der aktiven Dienstzeit unterschiedlich entwickeln. Während in jungen Jahren der Eintritt der eigenen Pensionsreife sogar unter dem vertraglichen Pensionsalter für möglich gehalten und dann mit zunehmendem Alter kontinuierlich gegen unendlich hinausgeschoben wird, verlagert sich die beim Kollegen angenommene Pensionsreife vom vertraglich festgelegten Pensionsalter immer mehr auf den aktuellen Zeitpunkt der Betrachtung.

Die **Pensionsbereitschaft** ist der Wille oder die Willfährigkeit des Betroffenen, tatsächlich in den Ruhestand zu treten. Sie ergibt sich bei Spitzenkräften theoretisch aus ihrer Sorgfaltspflicht als Organmitglied. In der Praxis liegt das Dilemma darin, dass die Pensionsreife für den Betroffenen meist schmerzfrei ist und selten bemerkt wird, sodass die Pensionsbereitschaft erheblich später als die Pensionsreife eintritt.

Während der Grad der Pensionsreife mit höherem Alter kontinuierlich zunimmt, schiebt sich die Pensionsbereitschaft wie die Lebenserwartung mit steigendem Alter immer weiter hinaus. Daraus entsteht der Wunsch der Unbeteiligten, überzeugende Methoden zu entwickeln, um die Pensionsreife einwandfrei festzustellen und die Pensionsbereitschaft darauf abgestimmt zu stimulieren.

Zur Ermittlung der Schulreife dient ein einfacher, allgemein anerkannter **Test**: Die Schulreife ist gegeben, wenn das Kind mit dem rechten Arm über den Kopf sein linkes Ohr berühren kann. Eine ähnliche simple Versuchsanordnung ermöglicht die Feststellung der Pensionsreife. Sie ist gegeben, wenn der Betreffende mit seinem großen Zeh nicht mehr die Nasenspitze berühren kann. Der Test sollte spätestens dann erfolgen, wenn der Manager „Alzheimer" für ein natürliches Mineralwasser hält[181].

Die Pensionsbereitschaft von Spitzenkräften beruht heute fast ausschließlich auf Siechtum. Die Freuden und Herausforderungen des Ruhestandes werden offenbar total unterschätzt[182], obwohl *von Bülow* alias *Loriot* bereits 1989 in einem eindrucksvollen Dokumentarfilm überzeugend darstellen konnte[183], wie ungemein auf- und anregend es ist, wenn pensionierte Manager ihre im Unternehmen erprobten Fähigkeiten der Familie und der Hauswirtschaft widmen.

Die **Attraktivität des Rentnerdaseins** wird nur wenig durch Hobbys gefördert, die Ehefrauen oder Kollegen dem pensionsreifen Topmanager einreden wollen. Der agile Top-Pensionär muss selbst Aufgaben suchen, die seinem Lebenspartner imponieren. Dazu gehört z.B. das Household-Reengineering (z.B. Belüftungsplan für die muffige Wohnung oder Einordnung des Geschirrs in die Spülmaschine), das am besten schrittweise verwirklicht wird. Um von der Gattin bewundert zu werden, wäre auch an die Umgestaltung des gestylten Villengartens in ein ökologisch wertvolles Biotop zu denken, die allerdings nicht immer goutiert wird.

Beginnen könnte die Heimarbeit mit dem Lernen der Programmierung des Fernsehers und anderer Geräte, um von Kindern oder Enkelkindern unabhängig zu werden. Ein anspruchsvolles Optimierungsprojekt wäre die reibungslose Abwicklung der stofforientierten Müllentsorgung bei Vollauslastung der vorhandenen Müllcontainer.

181 Wegen der Risiken und Nebenwirkungen sollte bei entsprechenden Versuchen vorher der Arzt oder Apotheker befragt und die Nackenlage bedacht werden.

182 So schon *Poradowich*, Die Inutilität der Veteranen. Wien 1879. Aus neuerer Zeit *Kropp*, Sortiervorgänge heim alten Eisen — Eine Allegorie. Duisburg 1990. S. 154 ff.

183 *Von Bülow* ,alias *Loriot*, Papa ante portas, 1989.

Kapitel C

DAS RECHNUNGSWESEN DER UNTERNEHMEN

1 Die kaufmännische Buchführung

Von einem voll ausgebildeten Wirtschaftsprüfer wird erwartet, dass er mit der kaufmännischen Buchhaltung in Grundzügen vertraut ist. Die nachfolgenden Erläuterungen sollen verunsicherten Berufsangehörigen helfen, sich an ihre buchhalterische Ausbildung zu erinnern.

1.1 Grundsätze ordnungsmäßiger Buchführung

1.1.1 Natur und Entwicklung

Der Kaufmann führt seit alten Zeiten Bücher, in denen er seine Geschäfte, sein Vermögen und seine Schulden einträgt, um sich über Gewinn und Vermögensmehrung zu freuen oder über Verluste und Vermögensminderungen die Haare raufen zu können. Heute sind jeder Kaufmann, jede Handelsgesellschaft und eingetragene Genossenschaft und jedes Unternehmen gesetzlich zur Buchführung verpflichtet, die der in §§ 238 ff. HGB festgelegten Ordnung entsprechen muss. Auch aus steuerlichen Gründen bleibt dem Kaufmann die Buchführung nicht erspart (§§ 140 ff. AO). Siehe Kapitel 2.1.

Verantwortlich sind die gesetzlichen Vertreter des Unternehmens, also der Einzelkaufmann, die persönlich haftenden Gesellschafter oder der Vorstand oder die Geschäftsführer. Zum Glück für die genannten Personen dürfen diese Hilfspersonen hinzuziehen.

Ein Topmanager nähert sich den Niederungen der Buchführung nur widerwillig, weil ihm die dort vermerkten Details den weiten Horizont seiner strategischen Unternehmensführung versperren[184]. Er delegiert daher die Buchführungsarbeiten an geringer bezahlte Untergebene, d.h. er lässt Bücher führen. Er führt das Unternehmen, aber nicht dessen Bücher.

Wenn Bilanzexperten und Finanzbehörden keine gesetzliche Regelung finden oder bei widerspenstigen Sachverhalten nicht weiterwissen, suchen sie nach hilfreichen **Grundsätzen ordnungsmäßiger Buchführung** (GoB). Diese betreffen nicht nur die Buchführung, sondern vor al-

[184] *Reifeisen*, Wir öffnen Horizonte, Frankfurt 1997, S. 18 f.

lem den Jahresabschluss und den Konzernabschluss. Wirtschaftsprüfer, die sich als Abschlussprüfer profilieren wollen, müssen zumindest die GoB kennen, die für den Abschluss ihres Mandanten anzuwenden sind.

Da die Grundsätze ordnungsmäßiger Buchführung im Gesetz nicht vollständig und abschließend niedergeschrieben sind, weiß niemand wirklich, wie sie zustande kommen, was sie besagen oder wie sie im Einzelnen gemeint sind. Ursprünglich waren sie Ausdruck der guten Sitten und Gebräuche ordentlicher und ehrenwerter Kaufleute zur Dokumentation ihrer Geschäfte.

Dieser paradiesische Zustand endete, als die GoB[185] den Juristen in die Hände fielen. Als studierte Bedenkenträger kamen sie auf die Idee, dass die GoB durch Nachdenken[186] zu ermitteln sind. Die Theoretiker der Betriebswirtschaftslehre schlossen sich dieser Auffassung gerne an, sodass sie zur herrschenden Lehre wurde. Die GoB und auch die vernünftige kaufmännische Beurteilung, auf der die meisten betriebswirtschaftlichen Modellrechnungen beruhen[187], wurden zu unbestimmten Rechtsbegriffen deklariert.

Die GoB sind der Auslegung durch Gesetzgeber, Rechtsprechung, Interessenverbände sowie durch Gelehrte der Betriebswirtschaftslehre und Jurisprudenz ausgeliefert. Wegen dieser Vielfalt der Interpreten behilft sich der pragmatische Bilanzaufsteller mit der Maxime, dass der Zweck der Rechnungslegung die GoB heiligt. Die GoB sollen helfen, dass die Vermögens-, Finanz- und Ertragslage der Unternehmen hinreichend klar und wohlmeinend in Abschluss und Lagebericht dargestellt werden.

1.1.2 Inhalt

Der in Deutschland stets hoch gehaltene **Grundsatz der Vorsicht** (§ 252 Abs. 1 Nr. 4 HGB) ist in Verruf geraten, weil er nur bei guter

185 Diese gebräuchliche Abkürzung kann durchaus als Zeichen eines gewissen Werteverfalls gewertet werden; sie ist auch Ausfluss der Hektik unserer Zeit. Zweifel sind dahingehend angebracht, ob sie sich als letzter deutschsprachiger Bestandteil unserer Rechnungslegungsvorschriften in Zukunft behaupten kann. Manche Progressive sprechen schon jetzt von „Deutschen GAAP (sprich Gäpp).

186 Gefragt ist eigentlich ein Vordenken. Wenn Juristen als Vordenker nachdenken, werden ihre Mandanten meist nachdenklich.

187 § 253 Abs.1 Satz 2 HGB.

Ertragslage des Unternehmens voll ausgelebt, bei kritischer Lage aber übersehen oder extrem zurückhaltend befolgt wird. Dennoch hat der Gesetzgeber immer wieder erklärt, dass seine Aufgabe oder Einschränkung nicht in Frage kommt[188]. Ergebnis und Lage des Unternehmens sind im Jahresabschluss mit aller Vorsicht zu exemplifizieren. Auch der Lagebericht ist mit Vorsicht zu garnieren.

In diesem Zusammenhang bereitet das durch entlarvende Ansätze und Angaben bewirkte Vermummungsverbot für stille Reserven den Bilanzmanagern berechtigte Sorgen. Das Auf und Ab der geschäftlichen Entwicklung kann infolge gestrichener Wahlrechte und aufgezwungener Erläuterungen nicht mehr so unauffällig wie zuvor geglättet werden. Die topmanagement-adäquate Rechnungslegung ist damit empfindlich getroffen worden, denn wo keine stillen Reserven gelegt wurden, können sie bei Bedarf nicht still aufgedeckt werden.

Ein weiterer, in Deutschland hartnäckig verteidigter, aber international verwässerter Grundsatz ist das (strenge) **Realisationsprinzip**. Sein Gebot lautet: Du darfst den Gewinn nicht vor Erfüllung deiner Leistungen vereinnahmen. Dieses Prinzip erfreut sich in der internationalen Rechnungslegung und – in Abhängigkeit von der Interessenlage – auch bei Topmanagern großer Unbeliebtheit, weil es den Ausweis von möglichen Gewinnen verzögert. Nach den internationalen Rechnungslegungsgrundsätzen gelten Gewinne bereits als verwirklicht, wenn ihrer Realisierbarkeit keine äußerst widrigen Umstände entgegenstehen, wie z. B. eine dauerhafte Unmöglichkeit der eigenen oder der zu empfangenden Leistung infolge natürlicher oder selbst provozierter Katastrophen.

Obwohl Gleichberechtigung und Gleichbehandlung aktuelle Verhaltensmuster darstellen, gibt es nach wie vor den Grundsatz der Ungleichbehandlung von drohenden Gewinnen und Verlusten. Nach dem international geächteten, aber in Deutschland unverbrüchlich festgehaltenen **Imparitätsprinzip** müssen drohende Verluste bilanziert werden, während erwartete Gewinne nicht angesetzt werden dürfen. In der Bilanzierungspraxis kann dieses Prinzip bei Werteverfall und schlechter Ertragslage des Unternehmens sehr störend sein.

188 Vgl. z. B. Begründung RegE zum KapAEG, S. 133.

Bei der Bewertung der Vermögensgegenstände und Schulden wird unterstellt, dass das bilanzierende Unternehmen zumindest so lange fortgeführt wird, bis der Jahresabschluss veröffentlicht worden ist. Dieses Prinzip der **Unternehmensfortführung** nennt man „*Going Concern-Principle*“, weil die erwähnte Unterstellung mit „*concern*“, d.h. mit der ständigen Sorge verbunden ist, dass sich die Fortführungserwartung schneller als gedacht als falsch herausstellt.

Der Grundsatz der **Einzelbewertung** verlangt, dass jeder Vermögensgegenstand und jede Schuld einzeln bilanziert und bewertet werden. Die dadurch vermehrten Buchungen können nur unter engen Voraussetzungen vermieden werden, z.B. durch die Bildung von Bewertungseinheiten. Um den erhöhten Aufwand für die Buchführung zu vermeiden, mehren sich internationale Bestrebungen, die Einzelbewertung zur Ausnahme werden zu lassen.

Der **Grundsatz der Stetigkeit** besagt, dass betriebliche Vermögensgegenstände und Schulden stets zu bilanzieren und zu bewerten sind. Die übliche engere Auslegung pocht darauf, dass die angewandten Bilanzierungs- und Bewertungsmethoden in nachfolgenden Abschlüssen beizubehalten sind, wenn kein triftiger Grund den Wechsel rechtfertigt.

1.2 Die doppelte Buchführung

1.2.1 Arten der Buchführung[189]

Der Begriff „Buch“ ist im Zusammenhang mit der kaufmännischen Buchführung nicht wörtlich gemeint. Geführt werden nicht nur gebundene Bücher. Buchführung ist auch auf losen Blättern oder elektronisch möglich. Mit „Buch“ oder „Bücher“ sind alle Medien angesprochen, in denen die Geschäfte des Kaufmanns mit vorgeschriebener oder zweckmäßiger Systematik aufgezeichnet werden.

Seit langer Zeit unterscheidet man die einfache und die doppelte Buchführung. Die **einfache Buchführung** ist fast ausgestorben, weil sie den

[189] Die Bezeichnung „Buchhaltung“, die früher verbreitet war, konnte sich in der durch Haltlosigkeit gekennzeichneten Postmoderne nicht halten. Obwohl niemand derzeit sagen kann, wohin das führen soll, spricht man heute nur noch von „Buchführung“. Vgl. *Schroben-Hauser*, Vom Kontor zum Bürohochhaus, Frankfurt 1979.

vom Gesetzgeber willentlich hoch getriebenen Anforderungen an die Rechnungslegung nicht ganz folgen kann. Sie ist für den Wirtschaftsprüfer, der dank seiner beruflichen Ausbildung an simplen Dingen wenig Gefallen findet, von geringer Bedeutung. Nur ausnahmsweise befasst er sich im Rahmen der Steuerberatung mit der sogenannten Einnahmen-Überschussrechnung, die eine komplizierte Abart der einfachen Buchführung ist.

Die **doppelte Buchführung** gehört zwar zum Grundstudium der Betriebswirtschaftslehre, doch wird das dort vermittelte Wissen schnell vergessen, zumal man ohne diesbezügliche Kenntnisse in dieser Wissenschaft promovieren oder sogar das Wirtschaftsprüferexamen bestehen kann. In der rauen Prüfungspraxis erweist es sich dennoch als hilfreich, wenn der Abschlussprüfer mit den Grundbegriffen und -techniken der doppelten Buchführung vertraut ist.

Vom Finanzchef eines börsennotierten Unternehmens wird heutzutage verlangt, dass er die dreifache Rechnungslegung beherrscht. Die aus der Buchführung abzuleitenden Jahresabschlüsse müssen drei divergierenden Ansprüchen gerecht werden, nämlich (1) den dominanten, wenn auch irrealen Vorstellungen des Vorstandsvorsitzenden, (2) den sekundären, aber leicht überzogenen Anforderungen der Investoren und Kreditgeber sowie (3) den unerbittlichen Zumutungen des Fiskus.

Zwei Grundformen der doppelten Buchführung sind zu unterscheiden, nämlich das Führen doppelter Bücher und die doppelte Erfassung der Geschäftsvorfälle in den Büchern.

1.2.2 Führen doppelter Bücher

Einfacher zu verstehen, aber nicht gern gesehen ist die Führung doppelter Bücher. Sie ist trotz zunehmender Indiskretionen und Ächtung immer noch eine exotische Variante der kaufmännischen Buchführung. Ihre Attribute sind Luftbuchungen, gefälschte Belege und schwarze Konten. Bei der Führung doppelter Bücher werden zusammengehörige Sachverhalte in getrennten Büchern erfasst, damit deren Konnex geheim gehalten wird. Die Zusammengehörigkeit wird allenfalls durch Zufall oder bei Eintritt der kaschierten Katastrophe entdeckt[190].

Der Vollständigkeit halber sei angemerkt, dass die Führung doppelter Bücher der beschriebenen Art gegen die GoB verstoßen. Probleme für den Abschlussprüfer beginnen dann, wenn Dritte bei dem geprüften Unternehmen die Existenz der doppelten Bücher entdecken und er selbst nichts davon gemerkt hat. Unannehmlichkeiten können aber auch entstehen, wenn er selbst aus Zufall oder aufgrund gezielter Indiskretionen Dritter das Vorkommen der doppelten Bücher erst nach der Testaterteilung erkennt.

Wie groß der Ärger ist, hängt davon ab, welchen Zweck die doppelten Bücher haben, wie groß das gebuchte und bilanzierte Nichts ist und wer an der Führung doppelter Bücher oder an ihrer Aufdeckung interessiert ist. Siehe dazu auch Kapitel D 1.2.

1.2.3 Die Doppik

Die doppelte Buchführung i.S. der doppelten Aufzeichnung eines Geschäftsvorfalls nennt der Buchexperte kurz und prägnant „Doppik". Diese Bezeichnung kannte *Luca Pacioli* noch nicht, als er 1493 die doppelte Buchführung beschrieben hat[191]. Auch *Goethe* dürfte sie nur geahnt haben, als er die doppelte Buchführung als „eine der schönsten Erfindungen des menschlichen Geistes" bezeichnete[192]. Immerhin liegt es wohl an dieser Einschätzung Goethes, dass die Buchführung in Form der Doppik heute als klassisch gilt.

Führungskräfte des Unternehmens stufen die Buchführung als **akademische Kleinkunst** ein, die am besten in abgelegenen Räumen des Verwaltungsgebäudes von Buchhaltern betrieben wird. Ihre Unaufmerksamkeit gegenüber der Buchführung, die ja die Grundlage des Jahresabschlusses bildet, rechtfertigen die Manager damit, dass man auch kosmetische Artikel verwendet, ohne deren chemische Zusammensetzung zu kennen oder erklären zu können.

190 *Kniffel*, Gespaltene Buchführung in Theorie und Praxis, Wiesbaden 1982.
191 Summa de arithmetica, geometria, proportioni et proportionalita, 1487, gedruckt 1494.
192 *Goethe*, Wilhelm Meister, Lehrjahre, 1. Teil, 10. Kapitel (1784).

Zum Wohl interessierter Leser soll die Doppik etwas näher betrachtet werden. Die englische Bezeichnung der Doppik, nämlich „double entry", charakterisiert die doppelte Buchführung ganz markant. Es sind zumindest zwei Bucheinträge erforderlich, um einen Geschäftsvorfall in den Büchern festzuhalten. Dazu sind in der doppelten Buchführung zwei Spalten eingerichtet. Die linke Kolumne wird mit „Soll", die rechte mit „Haben" betitelt. Dabei bedeutet „Soll" nicht immer das, was da sein sollte, und „Haben" nicht nur das, was man hat.

Die Eintragungen im Soll und Haben ermöglichen, Buchungen ohne Plus- und Minuszeichen vorzunehmen. Wichtig ist, dass bei der Erfassung eines Geschäftsvorfalls die Summe der Buchungen im Soll und im Haben gleich sind[193]. In der Bilanz werden aus Soll Aktiva und aus Haben Passiva, in der G+V Aufwendungen bzw. Erträge. Der notwendige Abgleich der Summen von Soll- und Habenseite dient der Sicherheit. Buch- und Bilanzfälscher haben dadurch auf jeden Fall doppelte Arbeit.

Getreu dieser Soll-und-Haben-Systematik verwenden gelernte Buchhalter bei ihrer emsigen Arbeit die Beschwörungsformel „per... an". „Per" bedeutet die perzeptive, d.h. zuerst wahrgenommene Aufzeichnung, während „an" für die andere, d.h. die zweite Aufzeichnung steht. Was für Wahrsager der Kaffeesatz[194], ist für Buchhalter der mit „per … an" beschriebene Buchungssatz. Er ist die Anweisung für die zwiespältige Eintragung desselben Sachverhalts in der kaufmännischen Buchführung.

Als die Fülle der Geschäftsvorfälle immer mehr aus den gebundenen Büchern hervorquoll, zerlegten die Kaufleute die Bücher in einzelne Aufzeichnungsblätter, die sie „**Konten**" nannten, weil damit Buchungen in größerem Umfang erfasst werden konnten.

Um schwierige Buchungsvorgänge eindrucksvoll vorführen oder erklären zu können, bedienen sich didaktisch veranlagte Buchexperten der sog. T-Konten. Die Großschreibung des Buchstaben „T" symbolisiert die

[193] Zur Problematik und praktischen Lösungsansätzen siehe *Müller-Stedingen*, Vorzeichen als Anzeichen einer absichtlichen Verrechnung, Leipzig 1993.

[194] *Griepenkerl*, Satzinhalt und Satzaufbau als Merkmal interpretationsfähiger Ausdrucksformen, Köln 1989.

Soll- und Habenseite eines Kontos. Links vom senkrechten T-Strich wird üblicher Weise das „Soll“ und rechts davon das „Haben“ angesiedelt. Der emsige Buchhalter ist angewiesen, dass sich die Soll- und Haben-Beträge auf den diversen T-Konten in Summe ausgleichen müssen[195].

Eine oft genutzte Kontenart ist das **Kontokorrent**, was so viel wie „laufende Rechnung“ bedeutet. Auf diesem Konto werden die gegenseitigen Ansprüche und Verpflichtungen aus geläufigen Geschäftsverbindungen laufend verrechnet. Zur Entlastung der Buchhalter wurde als eintragslose Kontokorrentbuchhaltung die sog. Offene-Posten-Buchführung in Form der systematischen Ablage von offenen und bezahlten Rechnungen erfunden. Sie soll die Auslosung fälliger Rechnungen für die Zahlungen erleichtern. Die Bezeichnung „Offene Posten Buchhaltung“ kommt vermutlich daher, dass offen ist, ob alle Posten erfasst wurden, sodass offenbleibt, ob sie überhaupt oder doppelt bezahlt wurden.

Damit keine Konten verloren gehen, wurde der **Kontenrahmen** geschaffen. Konten, die aus dem Rahmen fallen, sind verdächtig und werden der besonderen Aufmerksamkeit des Abschlussprüfers empfohlen. Es könnte sich um schwarze Konten handeln.

Um mögliche Irritierungen zu vermindern, unterscheidet man verschiedene **Kontenklassen**, die so gegliedert sind, dass sie möglichst direkt auf die Posten des Jahresabschlusses führen[196]. Der Abschlussprüfer hat festzustellen, ob sie dieses Klassenziel erreichen. Die dazu notwendigen ekligen Additionen, eleganten Saldierungen und mühsamen Summenabgleiche gelingen nicht immer auf Anhieb. Das allein wäre schon Erklärung genug für die vom Mandanten meist unterschätzte Dauer einer Abschlussprüfung.

1.2.4 Das Belegwesen[197]

Um den Buchungseifer der Buchhalter in Grenzen zu halten, darf keine Buchung ohne Beleg erfolgen. Die kaufmännische Buchführung wird

195 *Niederschlag*, Pedanterie als Prinzip. Freiburg 1971.

196 Dieser direkte Weg wird durch die internationalen Rechnungslegungsgrundsätze zunehmend unpassierbar.

197 Grundlegend *Schmaltz-Bemme*, Das Belegwesen in der Sandwichfabrik, Berlin 1989.

daher vom Belegprinzip beherrscht. Der Beleg ist die materielle Grundlage für die mehr oder weniger umständliche Verarbeitung der Geschäftsvorfälle in der Buchhaltung. Allen Unternehmensangehörigen ist daher aufgegeben, an der Beschaffung von Belegen mitzuwirken.

Da an Form und Inhalt der Belege, namentlich von den Finanzbehörden, zunehmend hohe Anforderungen gestellt werden, ist die im Belegwesen ausgebildete Fachkraft oder der Beleger zu einem wichtigen Beruf geworden. Immer wieder aufgedeckte Belegmängel beweisen, dass es zu wenig diplomierte Beleger gibt und dass im Belegwesen ein großes Beschäftigungspotenzial verborgen ist.

Man denke z.B. daran, dass die Ausstellung von Bewirtungsbelegen, die ohnehin nur zu 80% zum steuerlichen Abzug berechtigen, mehr Zeit beansprucht als die Zubereitung und der Verzehr der abzurechnenden Speisen und Getränke. Hier haben pfiffige Beleger EDV-Programme entwickelt, die bei Eingabe der Personenzahl für jeden gewünschten Endbetrag das zutreffende Menü nebst Getränken und Trinkgeld automatisch ausdrucken. Mit einem Sonderprogramm können sogar abwesende, aber steuerlich unverfängliche Gäste auf den Belegen vermerkt werden.

1.3 Inventur und Inventar

Der Kaufmann muss einmal jährlich **Inventur** machen, damit in seiner Bilanz nur das erscheint, was da ist. Wie und wo immer die Dinge liegen, der Kaufmann muss durch mühsames Zählen, Messen und Wiegen seine Vermögens- und Schuldbestände zum Bilanzstichtag möglichst körperlich aufnehmen bzw. aufnehmen lassen[198]. Bei körperlosen Vermögenswerten und Schulden müssen Saldenbestätigungen, Urkunden oder ähnlich schwer beizubringende Beweismittel vorliegen.

Für Inventurarbeiten sind nur Mitarbeiter geeignet, die weiter als bis drei zählen können und außerdem fähig sind, den vorgefundenen Zustand der Gegenstände und Rechte sachgerecht und schriftlich festzuhalten. Die aufgenommenen Bestände sind nach Menge, Art und Zu-

198 *Missfelder*, Das Körperliche als das einzig Fassbare, München 1987.

stand in einem Bestandsverzeichnis oder Inventar zu erfassen[199]. Wenn sich die Menge nicht feststellen lässt, genügt die Angabe der Quantität, die plausibel geschätzt werden muss.

Das Bestandsverzeichnis (**Inventar**) bildet das Fundament für das Bilanzgebäude. Es bezeugt das Dasein der Bilanzposten, von dem sich der Abschlussprüfer überzeugen muss. Daher gehört es zum guten Ton, dass der Abschlussprüfer der Daseinsfeststellung teilweise beiwohnt. Wegen der leiblichen Anwesenheit des Abschlussprüfers nennt man diese Inaugenscheinnahme auch körperliche Inventur. Der Abschlussprüfer hat in dieser Zeit ohnehin nichts Besseres zu tun, weil die für ihn maßgeblichen Auskunftspersonen mit der Inventur beschäftigt sind.

Um eine Überhitzung der Inventur zu vermeiden, lässt der Gesetzgeber neben der Bestandsaufnahme zum Bilanzstichtag (Stichtagsinventur) vereinfachte **Inventurverfahren** zu[200]. Da die meisten Unternehmen ihren Jahresabschluss zum Ende des Kalenderjahres aufstellen und die Silvesterfeiern nicht unangemessen gestört werden sollen, darf die Inventur unter akzeptablen Umständen auch vor- oder nachverlegt werden. Um die Nadel im Heuhaufen aufzunehmen, genügt eine Stichprobeninventur. Bei der permanenten Inventur werden die Bestandsaufnahmen über das Geschäftsjahr verteilt und deren Ergebnisse bis zum Bilanzstichtag fortgeschrieben.

---

199 *Von Carolsfeld*, Die handwerkliche Kunst der Inventarsien und ihre Blütezeiten, Bamberg 1996.

200 Zu Einzelheiten siehe § 241 HGB.

2 Die Rechnungslegung

2.1 Rechnungslegung als Unternehmensziel

Jeder Kaufmann muss zu Beginn seines Handelsgewerbes eine Eröffnungsbilanz und zum Ende jeden Geschäftsjahres eine oft zufallsbedingte Darstellung der Vermögens-, Finanz- und Ertragslage seines Unternehmens in Form des Jahresabschlusses erstellen. Die Geschäftsvorfälle zwischen den Bilanzstichtagen sind in den Büchern zu dokumentieren und im Abschluss zusammengedrängt abzubilden.

Der **Jahresabschluss** umfasst die Bilanz und die Gewinn- und Verlustrechnung (G+V). Kapitalgesellschaften müssen den Abschluss um einen Anhang erweitern und obendrein einen Lagebericht aufstellen. Grundlagen sind die Buchführungen, das Inventar und Bilanzvorschriften sowie deren Handhabung durch das Bilanzmanagement (Kapitel 2.1.4).

Mutterunternehmen von Konzernen müssen zusätzlich die gleiche Prozedur für den Konzern als einheitliches Unternehmen durchführen, um den **Konzernabschluss** und den Konzern-Lagebericht zu erstellen. Außerdem müssen sie eine Kapitalflussrechnung und eine Eigenkapital-Veränderungsrechnung aufstellen. Dabei werden die Konzernunternehmen wie unselbständige Teilbetriebe des Mutterunternehmens behandelt und dementsprechend die Auswirkungen aller konzerninternen Geschäftsvorgänge eliminiert.

Diese weitgreifende **Rechnungslegung im engeren Sinn**[201] ist in den letzten Jahren, insbesondere für kapitalmarktorientierte Unternehmen, durch neue Dokumentations- und Offenlegungspflichten zur Rechnungslegung im weiteren Sinn amplifiziert worden (Kapitel C. 3), sodass die Rechnungslegung immer mehr zum Hauptzweck der Unternehmen wird.

Verantwortlich für die Rechnungslegung der Unternehmen sind ihre gesetzlichen Vertreter, und zwar ohne Rücksicht auf ihre Ausbildung, Ressortverantwortung und persönlichen Neigungen. Die übrigen Un-

---

201 § 242 bzw. §§ 264–288 HGB.

ternehmensangehörigen, die nicht unmittelbar mit Buchführung und Rechnungswesen beschäftigt sind, können sich der Beschaffung, Herstellung und dem Verkauf von Waren und Produkten oder den unerschöpflichen Verwaltungsarbeiten widmen, es sei denn, dass sie für Rechnungslegungsarbeiten, z. B. Inventur, Saldenabstimmung oder Mahnung, benötigt werden.

Um den Widerwillen von Topmanagern und Aufsichtsräten gegen die Rechnungslegung zu dämpfen, ist für größere Unternehmen eine jährliche **Prüfung** der Bücher und des Jahresabschlusses durch einen externen Abschlussprüfer vorgeschrieben (siehe Kapitel D.2). Der Prüfungsbericht des Abschlussprüfers soll die genannten Personen an den Ernst der Lage des Unternehmens erinnern.

Aus Misstrauen gegenüber Aufstellern, Überwachern und Prüfern werden die verabschiedeten Abschlüsse und Lageberichte kapitalmarktorientierter Unternehmen der sog. **Bilanzkontrolle** unterworfen, die aus gegebenem Anlass (z.B. Hinweis auf Bilanzfehler) oder in Stichproben stattfindet (Kapitel D 1.2.3).

2.1.1 Der Rechnungslegungsprozess

Mit „Rechnungslegungsprozess" ist nicht die gerichtliche Auseinandersetzung über die Entblößung der Unternehmenslage gemeint, sondern der **Reifevorgang der Rechnungslegung** von der Schwangerschaft der Rechnungsleger über die Sturzgeburt des Jahres- oder Konzernabschlusses bis zu dessen Abnabelung durch den Abschlussprüfer. Bei Unternehmen von öffentlichem Interesse muss sich der obligatorische Prüfungsausschuss des Aufsichtsrats so intensiv mit dem Rechnungslegungsprozess befassen, dass er die embryonale Entwicklung der Rechnungslegung und die Molesten der in guter Hoffnung befindlichen Rechnungsleger hautnah miterlebt.

Die Schwangerschaft der Rechnungsleger dauert in der Regel zwölf Monate. Sie wird vor allem von geschäftlichen Ereignissen geprägt, die das Unternehmen zeitnah dokumentiert. Vorstand und Aufsichtsrat sollten deren Entwicklung regelmäßig beobachten, damit sie bei der Geburt des Abschlusses nicht völlig überrascht werden.

Die stichtagsbezogene Geburt des Abschlusses kann je nach Lage oder Schieflage des Unternehmens leicht oder schwer sein[202]. Der unter heftigen Wehen leidende Vorstand bedarf einer geburtshelferischen Begleitung durch den Aufsichtsrat, da der Abschlussprüfer nur unter Beachtung strenger Hygienevorschriften als Hebamme eingreifen darf.

Komplikationen der Schwangerschaft oder Entbindung treten auf, wenn das stets optimistische Topmanagement plötzlich merkt, dass sich die von ihm prognostizierten Gewinne in nicht erwartete Verluste erheblichen Ausmaßes verwandelt haben – ein Tatbestand, den an der Front stehende Unternehmensangehörige wesentlich früher erkennen als die Nachhut der höher besoldeten Topmanager.

Die meist hektische Suche nach Verbesserungsmöglichkeiten, die Appelle an das Mitgefühl des Abschlussprüfers und das Ringen um sein uneingeschränktes Testat gehören ebenso zum Rechnungslegungsprozess wie die penibel auszuführende Korrektur der Inventurlisten, die mühselige Suche nach Belegen und die resignierende Feststellung des Jahresabschlusses.

Der Rechnungslegungsprozesses wird mit der Offenlegung des bis dahin geheim gehaltenen Abschlusses und Lageberichts abgeschlossen.

2.1.2 Zusätzliche Apercus

Während der Jahresabschluss eine relativ monotone Gegenüberstellung von Vermögensgegenständen und Schulden (Bilanz) bzw. von Erträgen und Aufwendungen (G+V) ist, die im Anhang durch Details fortgesetzt wird, kann der Lagebericht als schöpferische Ergänzung betrachtet werden, die der Vorstand mit Feingefühl und Formulierungsgeschick anfertigen sollte.

Da die Abbildung der Geschäftsentwicklung und Lage des Unternehmens im Abschluss durch die Grundsätze ordnungsmäßiger Buchführung entstellt sein kann, sollen sie im Lagebericht den **tatsächlichen Verhältnissen** entsprechend präsentiert und vom Vorstand dem Um-

202 Vgl. *Beckenbauer/Drängler*, Steißlage und Kaiserschnitt bei der Geburt des Jahresabschlusses. München 2013.

fang und der Komplexität der Geschäftstätigkeit entsprechend analysiert werden. Außerdem hat der Vorstand im Lagebericht die voraussichtliche Entwicklung des Unternehmens zu beurteilen und unter Einschluss ihrer wesentlichen Chancen und Risiken zu erläutern. Erschwerend kommt hinzu, dass die zugrundeliegenden Annahmen anzugeben sind.

Weitere Angaben, die i.d.R. von Mitarbeitern beizubringen sind, betreffen die Ziele und Methoden des Risikomanagements, den Einsatz von Finanzinstrumenten zur Absicherung wichtiger Transaktionen sowie die Aufzählung von Preisänderungs-, Ausfall- und Liquiditätsrisiken und von Risiken aus Schwankungen des Cashflows, sofern diese für die Beurteilung der Lage und Entwicklung der Gesellschaft von Belang sind.

Die Präsentation von Abschluss und Lagebericht wird getoppt durch den **Geschäftsbericht** börsennotierter und anderer Unternehmen, in dem Abschluss und Lagebericht durch illustrierte Tätigkeitsberichte der einzelnen Vorstandsbereiche aufgelockert werden. Durch diese Highlights der einzelnen Vorstandsbereiche wird die nüchterne Darstellung in Abschluss und Lagebericht relativiert.

Die gesetzlichen Vertreter von Kapitalgesellschaften, die als Inlandsemittent Wertpapiere begeben haben, müssen öffentlich einen sog. **Bilanzeid** leisten, indem sie in einer jeweils beizufügenden Erklärung versichern, dass nach bestem Wissen

- der Jahresabschluss ein den tatsächlichen Verhältnissen entsprechende Bild vermittelt und
- der Lagebericht der Geschäftsverlauf und die Lage der Gesellschaft so dargestellt sind, dass ein den tatsächlichen Verhältnissen entsprechendes Bild dargestellt wird und die wesentlichen Chancen und Risiken zutreffend beschrieben sind.

Der Vorstand eines Mutterunternehmens hat die gleichen Erklärungen für den Konzernabschluss und Konzernlagebericht abzugeben.

Herausforderung und Bedeutung des Bilanzeids werden dadurch unterstrichen, dass eine unrichtige Versicherung einen Straftatbestand darstellt, der auch bei Fahrlässigkeit geahndet wird.

2.1.3 Bilanzmanagement

Wie jedes großartige Entertainment muss auch die Rechnungslegung gemanagt werden. Man spricht verkürzt vom „Bilanzmanagement" und meint damit die **topmanagement-adäquate Gestaltung** von Abschluss und Lagebericht. Topmanagement-adäquate Rechnungslegung bedeutet, dass in Abschluss und Lagebericht die positiven Erfolge des Topmanagements etwaige Schattenseiten der Unternehmensentwicklung überstrahlen.

Da Kapitalanleger eine stetige Steigerung des Marktwertes des Unternehmens erwarten[203], zielt ein professionelles Bilanzmanagement zielt auf eine permanente Darstellung von Erfolgen, wie sie nur Spitzenkräften des Unternehmens zugetraut und von Investoren erwartet werden. Die image- und tantiemeorientierte Bilanzierung stellt hohe Ansprüche an den Einfall- und Einfaltsreichtum der Fachkräfte des Rechnungswesens. In Krisenzeiten müssen sich Bilanzexperten und Abschlussprüfermüssen auf verschärfte Zumutungen einstellen. Der Abschlussprüfer muss die Bilanzkosmetik des Unternehmens rechtzeitig erkennen, um seine Berufshaftpflicht kalkulieren und versichern zu können.

Obwohl Bilanzergebnisse durch Zufälligkeiten geprägt sind und sich selten genauer vorhersagen lassen, werden sie von selbstbewussten Spitzenmanagern weit vor Ablauf des Geschäftsjahres und vor Aufstellung des Jahresabschlusses öffentlich prognostiziert. Prognosen dieser Art sind oft ein Frühindikatoren für eine schwierige Abschlussprüfung.

Im Einzelnen vollzieht sich das Bilanzmanagement einer Aktiengesellschaft in folgenden **Schritten**:

1. Vorhersage des Jahresergebnisses durch den Vorstandsvorsitzenden im laufenden Geschäftsjahr, möglichst schon bei der Vorstellung des vorherigen Jahresabschlusses, auf jeden Fall vor dem Bilanzstichtag; Beschwichtigungsversuche des Finanzvorstands;
2. Kurz von Ende des Geschäftsjahrs: Ausblick auf den Jahresabschluss, Beharren des Chefs auf seiner jüngsten Ergebnisprognose;

[203] Der Begriff *Shareholder Value* wird als zu provokant nur noch selten verwendet, zumal ihn die Wenigsten verstanden haben.

3. Aufstellung des Jahresabschlusses durch das Rechnungswesen und Vorlage an den Vorstand;
4. Verwirrung des Vorstandes, insbesondere beim Vorsitzenden; nervöses Zucken beim Finanzvorstand;
5. fieberhafte Versuche zur Annäherung an die Ergebnisprogose des Vorstandsvorsitzenden; Nervenzusammenbruch des Finanzvorstands möglich;
6. nach weitestmöglicher Anpassung an die Vorhersage und Aufhellung der künftigen Entwicklung: Beschwichtigung oder Begeisterung des Vorstandsvorsitzenden; Resignation des loyalen Finanzvorstands,
7. Abfassung des Lageberichts mit optimistischem Grundton und Verweis auf glorreiche Zukunftsperspektiven,
8. Prüfung von Abschluss und Lagebericht durch den Abschlussprüfer;
9. Schlussbesprechung von Vorstand und Abschlussprüfer, Ringkampf um einsichtige und wohlwollende Formulierungen im Prüfungsbericht;
10. Prüfung durch den Aufsichtsrat durch Entgegennahme des Prüfungsberichts;
11. Bilanzsitzung des Aufsichtsrats: Billigung von Abschluss und Lagebericht sowie Auszeichnung des Vorstandes durch den Aufsichtsrat;
12. Veröffentlichung von Abschluss und Lagebericht, unaufgeregter Bericht des Aufsichtsrats an die Hauptversammlung;
13. Aufklärung und Beruhigung der Aktionäre in der Hauptversammlung.

2.2 Das Bilanzrecht

2.2.1 Grundlagen

Das in **Deutschland geltende Bilanzrecht** ist hauptsächlich im 3. Buch des Handelsgesetzbuches (HGB) aufgeschrieben. Es will vor allem jene Leute schützen, die über den Kaufmann herfallen, wenn seine Zahlungen ausfallen. Daher soll zum Schutz der Gläubiger verhindert werden, dass die Unternehmen nicht realisierte Gewinne ausweisen, womöglich versteuern und ausschütten. Im Übrigen sollen die Gliederungsvorschriften für die Bilanz und die Gewinn- und Verlustrechnung eine aufrichtige und zutreffende Rechnungslegung garantieren.

Das deutsche Bilanzrecht litt lange Zeit unter den Einflüssen des Steuerrechts, die im Laufe der Zeit von der Maßgeblichkeit der Handelsbilanz für die **Steuerbilanz** immer mehr zur (umgekehrten) Maßgeblichkeit der Steuerbilanz für die Handelsbilanz führten. Erst mit dem Gesetz zur Modernisierung des Bilanzrechts von 2009 (BilMoG) wurden steuerlich begründete Wertansätze aus den Handelsbilanzen verbannt.

Für die Konzernrechnungslegung von kapitalmarktorientierten Mutterunternehmen (§ 315e HGB) sind die **internationalen Rechnungslegungsgrundsätze** maßgeblich. Sie schützen das Informationsinteresse der Investoren vor, um bisher geheiligte Bilanzierungsgrundsätze über Bord zu werfen. Zur Vermeidung gesellschafts- und steuerrechtlichen Probleme sind sie nur für die Rechnungslegung der Konzerne in das europäische Bilanzrecht übernommen worden und wandeln sich fast täglich.

Die Strenge des Gesetzgebers und die Vielfalt der Regelungen durch Standardsetzer treffen die Unternehmen mit unterschiedlicher Vehemenz. Einzelkaufleute und Personenhandelsgesellschaften, die keine großen und haftungsbeschränkten Unternehmen sind, werden vom Gesetzgeber relativ zahm behandelt. Kleinen und mittelgroßen Kapitalgesellschaften werden ebenfalls gewisse Erleichterungen bei der Rechnungslegung zugestanden[204].

Die volle Wucht der Rechnungslegungsvorschriften trifft die großen **Kapitalgesellschaften** sowie die ihnen gleich gestellten Personengesellschaften, bei denen keine natürliche Person haftet (sog. Kapitalgesellschaften & Co.). Unternehmen, welche die von ihnen emittierten Wertpapieren dem amtlichen oder geregelten Börsenhandel ausliefern (= kapitalmarktorientierte Unternehmen), werden mit zusätzlichen Anforderungen an die Rechnungslegung gequält. Zu ihnen gehören vor allem börsennotierte Unternehmen, die sich dadurch verraten, dass ihr Vorstand so tut, als gehöre die Gesellschaft ihm. Am härtesten angerührt werden die sog. Unternehmens von öffentlichem Interesse (§ 316a HGB; Kapitel A 2.5.3).

[204] Das gilt natürlich nicht für die Vorgaben und Anforderungen zur Steuerbilanz.

2.2.2 Rechnungslegungs-Standards

In den ersten fünfhundert Jahren der modernen Buchführung wurde die Rechnungslegung von halbwegs eindeutigen Regeln beherrscht, sodass Bilanzwahrheit und Bilanzfälschung klare Bezugspunkte hatten. Diese starre Form der Rechnungslegung hat sich vor allem in Ländern mit überwiegend römisch-katholischer Bevölkerung bis heute weitgehend gehalten. In Deutschland wird sie auf dem Lande noch wie das Reinheitsgebot beim Bier vehement verteidigt. Sie wird sich aber wie dieses weder in der Europäischen Union noch international auf Dauer behaupten können.

Demgegenüber entwickelte sich in Ländern, deren Bevölkerung stärker zu Spleenigkeit und Sektierertum neigt, die weiche Form der Rechnungslegung, die selbst absurden Ideen bilanzieller Trendsetter ohne Rücksicht auf Praktikabilität folgt. In einer Zeit allgemeinen Werteverfalls und gesteigerter Modesucht konnte sich diese angloamerikanische Form der Rechnungslegung international durchsetzen[205]. Sie hat inzwischen sogar das tibetanische Hochland erreicht[206].

Die europäische Kommission hat mit ihrer **IAS-Verordnung** vom 19. Juli 2002 die kapitalmarktorientierten Unternehmen in die Atem raubende Umarmung der *International Accounting Standards* geworfen[207]. Damit wurde die in Deutschland von Gläubigerschutz und steuerlichen Einflüssen geschundene Rechnungslegung zumindest für Konzerne in die angeblich heile Rechnungslegung nach internationalen Standards geschleudert. Den Übergang vom HGB zur internationalen Rechnungslegung kann man sich am besten wie die Umstellung von natürlicher zu künstlicher Ernährung vorstellen: anomal und ständig am Tropf.

Bei der modernen Form der Normensetzung treten an die Stelle des Gesetzgebers privatrechtlich organisierte Standardsetzer. Sie gelten als sachverständig und neutral, weil sie praxisfern und detailliert

---

205 *Lichtenberg* (Die Nachwirkung der Kolonialmacht, Hamburg 1997, S. 279 ff.) führt diesen Erfolg vor allem auf den Einfluss Großbritanniens in den Commonwealth-Ländern zurück. Vgl. auch *Birnbaum*, Das missionarische Empire, München 2000.

206 *Messner*, Bezwungene Gipfel auf dem Dach der Welt, Innsbruck 1998, S. 188 ff.

207 *Prallweiser*, IAS als Konvergenzplattform der Rechnungslegung in Europa und Umgebung, 2. Auflage, Berlin 2005.

vorschreiben, was für die Rechnungslegung richtig und wichtig ist. Vorbild für alle modernen Standardsetzer sind der US-amerikanische *Financial Accounting Standards Board* (FASB) nebst allem Zubehör sowie der unter dessen Vormundschaft stehender *International Accounting Standards Board* (IASB), dem sich die europäische Rechnungslegung unterworfen hat.

Der **IASB** versteht sich als globaler Standardsetzer und behauptet hartnäckig, prinzipienorientierte Standards zu entwickeln. Zum Beweis wurde der verständliche und bestens eingeführte Begriff „*International Accounting Standards* (IAS)" um die Jahrtausendwende durch die zungenbrecherische Bezeichnung „*International Financial Reporting Standards* (IFRS)" ersetzt. Seitdem ist dem IASB, der eigentlich IFRSB heißen müsste, alles zuzutrauen, nur keine praktikablen Rechnungslegungsstandards. Für die ursprünglichen IAS wurde auch bei späteren Änderungen die Bezeichnung IAS pietätvoll beibehalten.

Als privatrechtlich organisierter deutscher Standardsetter hat sich 1998 auf der Grundlage des § 342 HGB der Deutsche Standardisierungs-Rat (**DSR**)[208] des Deutschen Rechnungslegungs-Standards Committee (DSRC) etabliert. Die ersten sieben Bilanzmagier, die als Bilanzaufsteller, -prüfer oder -nutzer die Traditionen des HGB und die Zaubereien der internationalen Rechnungslegungsgrundsätze lange genug gelernt oder gelehrt und praktiziert hatten, haben prinzipienorientierte und verständliche Rechnungslegungsstandards entwickelt, die anfangs von konservativen Abschlussprüfern nur zögernd beachtet wurden. Mit dem stärkeren Vordringen der IFRS ist der inzwischen verjüngte DSR zu einer Außenstelle des IASB geworden, die aber diesen nicht zur Entwicklung systematischer und praktikabler Standards nicht anstoßen konnte.

2.2.3 Standardsetzung

Gegenstand der Standardisierung sind die Bilanzierung und Bewertung sowie die Ergebnisauswirkung aller Geschäftsvorfälle und Sach-

[208] Die englische Bezeichnung „German Accounting Standards Board (GASB)" klingt viel attraktiver und vermeidet starke Assoziationen mit der Normensetzung für die Euro-Gurke und ähnliche Gewächse.

verhalte, die im Leben eines Unternehmens vorkommen oder von weltentrückten In- und Outsidern erdacht werden können. Durchmühsame Zerkleinerung bilanzverdächtiger Gegenstände wird ihre Bilanzierung bis zur Unkenntlichkeit normiert.

Damit die Rechnungslegungsstandards demokratisch legitimiert werden, werden sie in einem umständlichen **Verfahren**, *Due Process* genannt, entwickelt, diskutiert und verabschiedet. In Anlehnung an die IFRS-Praxis läuft die Massenproduktion der Rechnungslegungsstandards wie folgt ab:

- Für die aufgegriffene Thematik wird vom Standardsetzungsgremium (z. B. IASB oder DSR) eine hochkarätige Arbeitsgruppe von Rechnungslegungsexperten eingesetzt, die den Sachverhalt in alle erdenklichen Einzelteile zerlegt und für diese Bilanzierungsvorschläge erarbeitet.
- Die zu einem ersten Standardentwurf verdichteten Erkenntnisse sieht sich der Board gelegentlich an und gibt sie mit der Bitte um weitere Aufklärung und Änderungen an die Arbeitsgruppe zurück. Dieser Vorgang wird so oft wiederholt, bis die zunehmende Frustration der Arbeitsgruppe in Hass umzuschlagen droht.
- Dann wird der bis zur Unkenntlichkeit entstellte Entwurf vom Board unter nochmaliger Verschärfung der Praxisferne verabschiedet und mit der Aufforderung an die Adressaten zur Stellungnahme innerhalb einer gesetzten Frist veröffentlicht.
- Nach Ablauf der Kommentierungsfrist wird der Standardtext weitgehend unverändert verabschiedet und das Datum für die erstmalige Anwendung festgelegt, i.d.R. mit der Empfehlung den Standard schon früher anzuwenden.

Die **Reaktion** der Betroffenen ist unterschiedlich, aber stets von eigenem Interesse geprägt. Die Bilanzaufsteller wollen möglichst wenige Standards und allenfalls solche, die praktikabel sind und viele Wahlrechte einräumen. Nur so kann ihrer Meinung nach der Vielfalt der Gegebenheiten und dem Gebot der Vollständigkeit Rechnung getragen werden. Im Interesse des Fortschritts akzeptieren sie jede Neuerung, die der bisherigen Praxis nicht im Weg steht.

Die Abschlussprüfer, die möglichst wenig Ärger mit ihrem Mandanten haben wollen, wünschen eindeutige Standards mit wenigen Wahlrechten, um widerspenstige Bilanzaufsteller leichter zähmen zu können. Allerdings sind sie sich ihres Mutes nie ganz sicher und nehmen daher für den Ernstfall hilfreiche Wahlrechte in Kauf.

An den Nutzen wahlrechtsfreier Rechnungslegungsstandards glauben nur an der Rechnungslegung unbeteiligte Adressaten und Nutzer. Sie fordern außerdem mehr Informationen und Eindeutigkeiten als der Bilanzaufsteller vernünftiger Weise nicht geben kann.

2.3 Internationale Rechnungslegungsstandards

Hauptmerkmal der international anerkannten Rechnungslegungsgrundsätze ist ihre unübersichtliche Vielfalt. Sie sind eine ideale Grundlage für Regressansprüche jeglicher Art, sodass man sie als Tribut der *Accountants* an die *Lawyer* ansehen kann.

Hauptanstifter für die Standardisierung ist das *Financial Accouning Standards Board* (FASB), das die allgemein anerkannte Rechnungslegungsgrundsätze der USA (**US-GAAP**) entwickelt und veröffentlicht. Ihm folgt weitgehend das IASB, deren **IFR**S-Standards von der EU weitgehend übernommen werden (Kapitel 2.4).

Die dominierende Forderung der angloamerikanisch inspirierten Rechnungslegung ist die „*Fair Presentation*" oder der „*True and Fair View*". Was das bedeutet, konnte bis heute nicht allgemeinverständlich erklärt werden. Die Experten scheinen sich nur einig zu sein, dass es auf die vollständige Anwendung der einschlägigen Standards ankommt - egal, was dabei herauskommt.

2.3.1 Charakteristika der IFRS[209]

Die schnelllebige Normensetzung auf dem Gebiet der Rechnungslegung findet ihren heftigsten Niederschlag in der Sturzflut der unbeständigen Rechnungslegungsregeln des IASB. Seine Bilanzierungsrezepte füllen immer dicker werdende Bilanzkochbücher, deren Volumen den zulässigen Umfang des Handgepäcks schon längst gesprengt hat

[209] IFRS ist die Kurzbezeichnung für das Gesamtregelwerk des IASB.

Der **Bilanzmanierismus des IASB** zerlegt die bilanzrelevanten Sachverhalte in möglichst viele Teile und verfeinert die Bilanzrezepte permanent durch schärfere Zutaten, die bei den Anwendern meist heftiges Sodbrennen hervorrufen. Um solche Verdauungsbeschwerden zu vermeiden, versuchen die Standardsetzer, die ihrer Meinung nach ungesunden Bilanzleckereien durch künstliche Aromen ungenießbar zu machen – mit der Folge, dass viele Rechnungsleger ständig unter bilanziellen Verdauungsstörungen leiden[210].

Der modische Schleiertanz der internationalen Rechnungslegungsgrundsätze gilt bei Finanzanalysten und Hochschulprofessoren gegenüber dem traditionellen Ländler der HGB-Rechnungslegung als wesentlich reizvollere Enthüllung. Die schwirrende Fülle der geforderten Angaben im Anhang und der weiter um sich greifende Bilanzansatz von Zeitwerten suggerieren eine ungeheure Informationskraft und unfassbare Wirklichkeitsnähe der IAS/IFRS-Rechnungslegung.

Damit sind die IAS/IFRS-Abschlüsse in kürzester Zeit zu dem Chaos geworden, an das sich moderne Bilanzexperten gewöhnt haben und in dem sich die Adressaten ziemlich verloren vorkommen. Das Primat der Rechnungslegung ist zu einer globalen Bewegung geworden, die in dem kaum durchdringbaren Dschungel der Bilanzregeln vergeblich das Paradies einer international einheitlichen und aussagekräftigen Rechnungslegung sucht.

Allem äußeren Anschein zum Trotz entdeckt man nach intensiver Durchleuchtung, dass das IASB-Regelwerk prinzipienorientierter ist als erschrockene Erstleser glauben wollen. Nach geraumer Zeit erkennt selbst der Ungläubige, dass der prinzipielle **Verzicht auf Systematik** unerlässlich ist, um bereits existierende Standards rasch und wechselhaft ergänzen und anpassen zu können. Daher lautet das Generalprinzip der IFRS: Prinzipien werden prinzipiell nicht durchgehalten. In diesem Sinn stellt das IASB-Rahmenkonzept nur den Rahmen dar, aus dem die einzelnen Rechnungslegungsstandards ständig herausfallen.

[210] Siehe dazu im Einzelnen: *Wurstelbinder*, Bulimie beim Umgang mit derivativen Finanzinstrumenten, Bonn 2002; *Schofel-Kransky*, Die Anorexie des Hedge Accounting, Frankfurt 2004.

Die IFRS gehen ebenfalls von dem im HGB verankerten **Grundsatz der Unternehmensfortführung** aus, der aber hier weniger als Bewertungsprinzip, sondern mehr als Absicherungsprinzip für den Standardsetzer angelegt ist. Sein Ziel ist die Nachhaltigkeit der Rechnungslegung, die für den IASB und seinen Hofstab eine dauerhafte Existenzgrundlage sein soll[211].

Der von freien Bilanzkünstlern gern zitierte Kernsatz „***Substance over Form***“ besagt, dass die Wortsubstanz der Rechnungslegungsstandards zu maximieren ist, auch wenn die Bilanzregeln dadurch außer Form geraten. Das regelmäßige Aufquellen[212] der gesamten IASB-Literatur führt zu dem in Deutschland bisher ungewohnten Umstand, dass der Textumfang einer Vorschrift den der dazu veröffentlichten Kommentare übersteigt.

Als weitere Prinzipien zählt das IASB-Regelwerk die Verständlichkeit, Relevanz, Verlässlichkeit und Vergleichbarkeit auf.

Verständlichkeit bedeutet, dass der allein verbindliche englische Wortlaut der IFRS von den Mitgliedern des IASB soweit verstanden wird, dass sie an das Verständnis der Anwender appellieren können. Dieses Verständnis ist die größte Herausforderung für die im Hintergrund arbeitenden IFRS-Textdichter. Sie wissen sich oft nicht anderes zu helfen, als Inhalt und Gegenstand der einzelnen Standards mehrfach, oft in wörtlicher Wiederholung zu beschreiben, damit wichtige Leser Bekanntes entdecken und nicht weiter nachgrübeln.

Die **Relevanz** der Rechnungslegungsgrundsätze wird von der Neugier der Finanzanalysten bestimmt, die Informationen selbst dann für entscheidungsrelevant halten, wenn sie ohne Aussagekraft sind. Praktiker wissen: Wer mit seinen Prognosen ständig schief liegt, braucht jede denkbare Information, um das Versagen der Vorhersagen im Nachhinein begründen zu können.

211 Auch außenstehende Bilanzexperten spüren an der rasch steigenden Anzahl von IAS/IFRS-Kommentaren und den verzweifelten Anstrengungen zur Durchsetzung der internationalen Rechnungslegungsgrundsätze den arbeitserhaltenden Charakter der Standardsetzung.

212 Dazu schon grundlegend *Knurrhahn*, Volumen statt Design, Hamburg 2002.

Die **Vergleichbarkeit** der IFRS-Abschlüsse wird dadurch hergestellt, dass sie alle auf denselben unsystematischen und unübersichtlichen Standards beruhen und soweit wie möglich die gleiche Darstellung wie im Vorjahr zeigen.

Verlässlichkeit darf nicht mit Zuverlässigkeit im Sinne von zutreffender oder sachgerechter Rechnungslegung verwechselt werden. Zuverlässig wäre z.B. die planmäßige Abschreibung des erworbenen Goodwills, die vom IASB 2005 im Gehorsam gegenüber dem FASB[213] aufgegeben wurde. Verlässlich sind Ausweis, Bilanzierung und Bewertung der Geschäftsvorfälle dann, wenn sie sich innerhalb der Schranken befinden, welche die IASB-Welt von der rauen Realität trennen. Im Übrigen verlässt sich der IASB darauf, dass sich die Realität in absehbarer Zeit an die vorgeschriebenen Normen anpasst.

Viele Transaktion sind in der IFRS-Rechnungslegung kaum wiederzuerkennen, weil sie bei ihrer bilanziellen Abbildung bis zur Unkenntlichkeit zerlegt werden. Die praktische Alternative besteht darin, dass auf bestimmte Geschäfte wegen zu aufwendiger Bilanzierung ganz verzichtet wird.

In diesem Zusammenhang stellt sich sowohl für unterhaltsberechtigte wie für unterhaltspflichtige Partner von Wirtschaftsprüfern die bange Frage, ob die verwirrende Vielfalt und Unbeständigkeit der IFRS bei intensiver Berührung zu geistigen Störungen führen kann. Sie können beruhigt werden: Nach den mehrjährigen Erfahrungen in den USA hat sich der Geisteszustand der Berufsangehörigen gegenüber dieser Ansteckungsgefahr als erstaunlich widerstandfähig erwiesen. Die wenigen infizierten Kollegen fanden Aufnahme in den offiziellen Institutionen für Bilanzkontrolle und Finanzaufsicht[214].

2.3.2 Endorsement

Eine besondere Delikatesse für europäische Rechnungsleger stellt das so genannte Endorsement-Verfahren dar, mit dem die IASB-Regeln in das europäische Bilanzrecht übernommen werden. Die zu übernehmenden

213 Der IASB spricht in solchen Fällen von „Konvergenz".
214 Im Übrigen wird der Realitätsverlust bei der Berufsausübung von Politikern, Spitzenmanagern und Gewerkschaftsbossen überhaupt nicht als störend empfunden.

IFRS einschließlich ihrer Veränderungen und vom IASB gebilligten Interpretationen werden von einer Expertengruppe beraten und dann der Europäischen Kommission zur vollen oder teilweisen Übernahme i.d.R. empfohlen. Die hierzu ausgewählten Fachleute der *European Financial Reporting Advisory Group* (**EFRAG**) sind geschult, bei ihrer Begutachtung Praxisnähe und Praktikabilität der Rechnungslegungsnormen völlig zu ignorieren.

Anschließend müssen die zur Annahme empfohlenen Regeln von vier Gremien akzeptiert werden, nämlich von der Europäischen Kommission, den Regierungsvertretern der Mitgliedstaaten, dem Europäischen Rat und dem Europäischen Parlament. Ist dieses schleppende Verfahren überstanden, werden die nackten Texte der angenommenen IAS/IFRS und ihrer Interpretationen in die Amtssprachen der EU-Mitgliedstaaten übersetzt, damit jeder Europäer in seiner Landessprache über sie rätseln kann.

Die Begründungen für die Standardtexte und für sonstige Ausführungen des IASB werden von der EU nicht übersetzt. Die EU hält diese Apokryphen offenbar für irrelevant. Sie sollen Rechnungslegern, die nur eine nicht-englischer Mundart beherrschen, nicht zugemutet werden. Dadurch entgeht den meisten europäischen Rechnungslegern der allergische Reiz der Anhänge, Appendixes sowie Anwendungshinweise und -beispiele, die das IASB nach seinem Gusto als Bestandteil des Standardtextes oder als separate Texte ohne Belang deklariert.

2.3.3 Fair Value oder Farewell View

Der „*Fair Value*“ ist ein vom IASB bei jeder Gelegenheit protegierter Wertbegriff. Mit diesem „Marktwert“[215], der dem „beizulegenden Zeitwert“ des HGB entspricht, sollen oder können nach den IFRS ausgewählte Vermögenswerte und Schulden bewertet werden. Mit der genialen englischen Wortwahl verbindet sich die Illusion, dass es sich um einen fairen, d.h. den tatsächlichen Verhältnissen angemessenen Wert handelt.

215 Fair = Messe, Markt.

Wenn kein Marktpreis für den Vermögenswert vorliegt und der beizulegende Zeitwert auch nicht aus dem Marktpreis anderer Vermögenswerte plausibel abgleitet werden kann, z. B. bei Immobilien oder nicht-börsennotierten Unternehmensanteilen, suggeriert die Bezeichnung *„Fair Value“*, dass unter unvermeidbaren subjektiven Annahmen und Schätzungen ein aussageträchtiger Bilanzwert ermittelbar ist.

Mit dieser Konvention stürmt die internationale Avantgarde der Rechnungsleger in breiter Front auf den *Fair Value* zu. Ein erstes Etappenziel wurde mit der Europäische Fair-Value-Richtlinie erreicht[216], nach der alle Finanzinstrumente in der Bilanz mit dem Zeitwert zu bewerten sind oder bewertet werden können. Betroffen sind nicht nur der Kassenbestand und an öffentlichen Märkten notierte Finanzinstrumente, sondern auch alle anderen Nominalgüter, insbesondere Forderungen und Wertpapiere einschließlich eigener Aktien sowie alle Schulden.

Darüber hinaus werden zunehmend auch andere Vermögenswerte von dem Fair-Value-Bazillus befallen, z.B. nicht betrieblich genutzte Grundstücke des Unternehmens oder immaterielle Vermögenswerte. In letzter Konsequenz zielt die Fair-Value-Bewertung darauf, dass das bilanzielle Eigenkapital mit dem Unternehmenswert[217] angesetzt wird.

Anhänger einer zuverlässigen und wirtschaftlich vertretbaren Bewertung weisen immer wieder darauf hin, dass der Zeitwert bei nicht vorhandenen Marktpreisen schwer zu kalkulieren ist. Diesen Reaktionären halten die Kreuzritter des *Fair Value* entgegen, dass sich in einer abgestuften Hierarchie von Bewertungsmaßstäben und einer großen Bandbreite stets ein *Fair Value* finden lässt.[218]

Der Vergleich mit dem auf belegwaren Werten beruhenden Anschaffungswertprinzip macht deutlich, dass es beim *Fair Value* um einen pseudoaktuellen Wertansatz geht. Daher liegt die Vermutung nahe, dass die Bezeichnung *„Fair Value“* auf einem phonetischen Missver-

[216] Richtlinie 2001/65/EG, ABl L 283, S. 28–32.
[217] Siehe dazu Kapitel D III.3.
[218] Siehe IFRS 13.

ständnis beruht und in richtiger Schreibweise die „*Farewell View*" als Verabschiedung vom Anschaffungswertprinzips gemeint war.

2.4 Exkurs: Würdigung des IFRS-Gesamtwerks

2.4.1 Wesen und Inhalt

Es ist an der Zeit, die IFRS - unabhängig von ihrer alltäglichen Problematik - als bedeutendes Gesamtwerk zu würdigen. Als „IFRS" werden sowohl die einzelnen Bestandteile als auch das Gesamtwerk des IASB bezeichnet, das außer den verschiedenen IFRS- und IAS-Rechnungslegungs-Standards auch die offiziell abgesegneten IFRIC- und SIC-Interpretationen sowie das Rahmenkonzept umfasst.

Ausgewiesene **Literaturwissenschaftler** haben – soweit ersichtlich – die IFRS noch nicht zur Kenntnis genommen. Ihr mangelndes Interesse dürfte darauf zurückzuführen sein, dass die IFRS keinen Sex enthalten und wie religiöse Texte oder Geschäftsberichte nicht zur „Schönen Literatur"[219] gerechnet werden. Immerhin hat der aus Rundfunk und Fernsehen unbekannte Publizist *Schleich-Radetzki* in einer nicht gesendeten Fernsehdiskussion die IFRS mehrfach als Prosatexte qualifiziert, weil hier Ungereimtes zusammengetragen worden sei.

Schleich-Radetzki hat sich nicht gescheut, die IFRS als „Sammlung sagenhafter Bilanzregeln" zu bezeichnen, die nach seiner Einschätzung auf nordische Mythen zurückgeht[220]. Weniger spekulativ ist die literarische Zuordnung der IFRS zur **Groß-Epik**[221], wie sie im Rahmen eines hochrangig besuchten IFRS-Seminars von *Miesemann* ins Gespräch gebracht wurde.[222]

Schöpfer der IFRS ist ein **Autorenkollekti**v von in London ansässigen Migranten, die in ihrem Herkunftsland als Rechnungslegungsexperten auffällig geworden sind und in den *International Accounting Standards*

[219] Zum Begriff siehe *Kaiser*, Das sprachliche Kunstwerk, München, 5. Auflage 1959, S. 12 ff.
[220] Siehe dazu *Farce/Schleich-Radetzki*, Edda (**E**dition of **d**isputably **d**esigned **a**ccounting-rules), Frankfurt 2012, S. 3 ff.
[221] Zum Begriff siehe u. a. *Lämmerle*, Erzählforschung, 3. Auflage, Bonn 2011, S. 111 ff.
[222] Rechnungslegungsseminar von Prof. *Kützinger* am 11. 11. 2013 in der Tupfinger Akademie.

Board (IASB)[223] abgeschoben wurden. Die Aufenthaltsgenehmigung im IASB ist mit der Arbeitserlaubnis für die Entwicklung interkontinentaler Rechnungslegungsstandards verbunden. Die IASB-Mitglieder sind jedoch aufgefordert, ihren Unterhalt durch regelmäßige Publikationen selbst zu bestreiten, um nicht das soziale Netz von Großbritannien zu belasten.

Die Insassen des IASB denken ständig darüber nach, wie man ohne Ansehung der Praktikabilität tatsächliche oder auch nur denkbare Sachverhalte und Ereignisse aus- und zerlegen kann, um sie im Abschluss eines Unternehmens möglichst umständlich abzubilden. Die Grübeleien münden in Bilanzierungsregeln, die an Unübersichtlichkeit nichts zu wünschen übriglassen, sodass sie von vielen Staaten einschließlich der Mitgliedstaaten der Europäischen Union als Internationale Rechnungsstandards hingenommen werden

Das Oeuvre des IASB ist in einem angelsächsischen Finanzwelsch verfasst, das als verbindlicher englischer Originaltext bezeichnet wird. Die Verfasser der IFRS camouflieren ihre eigene Sprachunsicherheit dadurch, dass sie Inhalt, Begriffe und Wortlaut der Rechnungslegungsstandards nicht nur mehrfach wortgleich wiederholen, sondern auch permanent ändern, ersetzen oder ergänzen.

Die IFRS sind ein in künstlerischer Freiheit erzeugtes **postmodernes Kunstwerk**, bei dem nur der Künstler weiß, wann er damit fertig ist. Da sich die perpetuierte Nichtvollendung immer mehr als moderne Kunstrichtung durchsetzt, hat sich der IASB für eine abgestufte Abbildung seiner Gedanken entschieden. Die unaufhörlich sprudelnden Textkreationen werden - je nach Reifegrad der Verbalisierung sowie in Abhängigkeit vom erwarteten Aufschrei der potenziellen Anwender – stufenweise als (1) Diskussionspapier, (2) Entwurf, (3) nahezu endgültige Fassung oder (4) endgültig verabschiedeter Wortlaut eines Rechnungslegungsstandards publiziert.

223 IASB ist nicht die Abkürzung für Interimistisches Auffanglager für Seltsame Bilanzexperten.

Zur Stufe 1 und 2 dieses *Due Process* werden interessierte Kreise um Stellungnahmen gebeten, was zumindest ihre Verabschiedung verzögert. Durch die mehrfache Veröffentlichung derselben oder unmerklich geänderter Texte erreichen die IFRS-Drucksachen jährlich ein Gewicht, das an die Grenze der Tragfähigkeit von Bücherregalen und Bibliotheksböden geht.

2.4.2 Pfiffige Publikationspolitik

Um trotz der fließenden Verfassung der IFRS den Hauch einer Übersicht zu vermitteln, werden jedes Jahr drei unterschiedlich eingefärbte zweibändige **Gesamtausgaben** veröffentlicht. Die blaue Edition enthält sämtliche zum Jahresanfang geltenden Verlautbarungen, ohne die vorzeitig anwendbaren Teile; die rote Ausgabe alle zum 1.1. des Jahres verabschiedeten Standards ohne diejenigen, die sie irgendwann ersetzen. Als dritte jährliche Gesamtedition wird etwa sechs Monate nach Erscheinen der vorerwähnten Druckwerke ein ebenso umfangreicher und grüner „A Guide through IFRS“ angeboten[224], der die zum 1. Juli des Jahres verabschiedeten Verlautbarungen durch zahlreiche Querverweise auf verwandte IFRS und andere Verlautbarungen des IASB aufwertet und orientierungsschwachen Lesern ein wenig Hilfe bieten soll.

Unberührt von den drei jährlichen Gesamtausgaben erscheinen in unregelmäßigen Abständen Entwürfe, Manager-Zusammenfassungen sowie vorläufige und finale Kreationen des IASB. Jeder Auswurf des IASB lässt ganze Fachbibliotheken zu Makulatur werden.

Die jährlich publizierten IFRS-Gesamtausgaben enthalten im Band A (Anweisungen) das sogenannte Rahmenkonzept, den Wortlaut der Rechnungslegungsstandards und der vom IASB abgesegneten Interpretationen einzelner Standards oder Standardteile. Im Band B (Beiwerk) sind ergänzende Dokumente abgedruckt, vor allem die ausführlichen Begründungen für die im Band A aufgeführten Regeln. Sie sollen belegen, dass sich der IASB bei der Abfassung seiner Standards etwas gedacht hat.

224 Die grün eingebundene Ausgabe enthält die IFRS, die nach dem 1. Juli wirksam werden, aber nicht die Standards, die sie ersetzen.

Bereits der erste Band der Annalen erzeugt beim Leser knisternde Verwirrung. Nach einem Vorwort, das Ziele und Bedeutung der Mitwirkenden und die Maßgeblichkeit der englischsprachigen Standardtexte erklärt, folgt das sog. **Rahmenkonzept** (*Framework*). Es beschreibt den Rahmen, aus dem die einzelnen IFRS-Standards ständig herausfallen und dient zur atmosphärischen Einstimmung des Lesers. Die bei der meist vorzeitig abgebrochenen Lektüre auftretende Überforderung der Leserschaft ist insofern nicht weiter tragisch, als keine Passage des Rahmenkonzepts dem Wortlaut eines IFRS-Standards vorgeht[225].

Im Anschluss an das Rahmenkonzept werden in der rot eingebundenen Jahresausgabe sämtliche IFRS- und IAS-Rechnungslegungsstandards mit dem bis zu Beginn des jeweiligen Jahres vom IASB verabschiedeten Wortlaut aufgeführt, und zwar unabhängig vom Zeitpunkt seines Inkrafttretens. Vorausschauend werden also auch Regeln wiedergegeben, die noch gar nicht anzuwenden sind oder die bestenfalls freiwillig vorzeitig angewendet werden dürfen.

Zum Ausgleich werden die durch neue IFRS ersetzten Standards oder Standardteile nicht abgedruckt, auch wenn sie noch weiterhin anzuwenden sind. Bemerkt werden diese Lücken erst bei dem Versuch, die Regeln im konkreten Fall anzuwenden, und die Frage auftaucht, welche Standardtexte aktuell gültig sind. Als Brücke zu der blau eingebundenen IFRS-Edition wäre eine Konkordanz-Broschüre sehr wünschenswert.

Die **raffinierte Publikationsanordnun**g von verabschiedeten, noch nicht oder freiwillig oder obligatorisch anzuwendenden Regeln einerseits und den weiterhin geltenden älteren Standards andererseits zwingt die Anwender dazu, neben dem aktuellen Jahrbuch auch vorjährige und weitgehend überholte Ausgaben der IFRS-Annalen sowie zusätzlich die zwischen den Erscheinungsdaten der Jahresedition in lockerer Folge veröffentlichten Einzelschriften aufzuheben.

Auf diese Weise sind IFRS-Archive von gewaltigem Ausmaß entstanden. Sie sind für die unvermeidbaren Recherchen notwendig, um bei Be-

225 Vorwort des Rahmenkonzepts (Zweck und Status).

darf auf ältere Standardtexte zurückgreifen zu können, von denen sich das IASB inzwischen losgesagt hat, die aber noch aktuelle Gültigkeit haben[226]. Die zeitaufwendige Suche nach der aktuell gültigen Fassung der IFRS[227]kann den Rechnungslegungsprozess eines Unternehmens spürbar aufhalten und den reibungslosen Ablauf der Abschlussprüfung in Frage stellen – ein Tatbestand, der bei Honorarvereinbarungen zwischen Unternehmen und Abschlussprüfer zu Unrecht völlig ignoriert wird[228].

2.4.3 Verwirrende Gestaltungselemente

Erstleser des IFRS-Regelwerks werden zunächst durch zwei unterschiedliche Bezeichnungen der Rechnungslegungsstandards überrascht. Ursprünglich hatte der IASB seine Rechnungslegungsstandards als *International Accounting Standards* (IAS) veröffentlicht. Nach seiner in 2001 erfolgten Umstrukturierung beschloss der IASB die eingängige Bezeichnung IAS durch die zungenbrecherische Abkürzung IFRS (*International Financial Reporting Standards*) zu ersetzen.

Die bestürzende Methodik des IASB zeigt sich auch in der **Nummerierung** der einzelnen IFRS- bzw. IAS-Standards bzw. Interpretationen. Sie folgt streng der chronologischen Reihenfolge der Verabschiedung der Standards und der Interpretationen. Damit unterbindet das IASB jegliche gedankliche Verknüpfung mit der üblichen Gliederung der Abschlussbestandteile und ihrer Posten. Die zufallsbedingte Nummerierung vermeidet, dass sachlich zusammenhängende Standards oder Interpretationen anhand einer systematischen Nummerierung rasch gefunden werden.

Als zusätzliche Schikane werden die Nummern ersetzter oder entfallener Standards oder Interpretationen nicht neu vergeben, sodass die

226 Auf die zusätzlichen Erschwernisse für Unternehmen mit Sitz in der Europäischen Union, die sich durch die verzögerte Übernahme verabschiedeter IFRS in europäisches Recht (*endorsement*) ergibt, kann aus Raumgründen nicht eingegangen werden.

227 In Notfällen kann man sich an die **I**nternationale **D**etektei für **I**FRS-**O**riginal **T**exte (IDIOT) wenden, die ein Suchergebnis innerhalt von 48 Stunden garantiert (Kontakt: www. idiot.org).

228 Die Klagen über unzureichende Prüfungshonorare hat die *Wirtschaftsprüferkammer* zu verzweifelten Änderungsvorschlägen der Berufssatzung veranlasst. Danach soll den Abschlussprüfern ein Mindestzeitaufwand für die Recherche nach zwingend anzuwendenden IFRS zugestanden werden.

Nummerierung der aktuellen Regeln rasant ansteigt[229] und die Zahlenreihe beträchtliche Lücken aufweist. Allerdings ist wegen der geschilderten Publikationspolitik nicht erkennbar, ob die fehlenden Nummern ungültige oder noch anwendbare Standards betreffen. Der Zeitpunkt des Wegfalls bzw. der Nichtanwendbarkeit einzelner Standards lässt sich oft nur den Annalen der vorhergehenden Jahre zu entnehmen.

Wie in der Belletristik üblich, enthalten die IFRS-Romane kein Stichwortverzeichnis. Damit bekommt das Inhaltsverzeichnis der Jahresausgaben eine Bedeutung, die in der schöngeistigen Literatur nur selten anzutreffen ist.

Die Vielfalt ihres künstlerischen Ausdrucks beweisen die Londoner Bilanzgurus auch bei der **Druckgestaltung**. Lange Zeit haben sie darum gerungen, ob und in welcher Weise die parallele Verwendung von Fett- und Normaldruck im Standardtext sinnvoll ist. Die für den Leser hilfreiche Idee, Grundsätzliches und Wesentliches durch Fettdruck hervorzuheben, war nicht unumstritten. Es ist dem IASB noch nie leichtgefallen, Wesentliches von Unbedeutendem zu trennen und Überflüssiges von Notwendigem zu scheiden. Letztlich konnten sich die Befürworter des Fettdrucks durchsetzen, nachdem sie eine uneinheitliche und willkürliche Handhabung der tatsächlichen Druckgestaltung zugestanden hatten.

Um den Orientierungssinn der Anwender zu schulen, werden die in den Standards verwendeten Überschriften mit wechselndem Fett- oder Kursivdruck und mit oder ohne alpha-numerische Ordnung präsentiert. Vor diesem Hintergrund ist die Verwendung unterschiedlich gearteter Randziffern konsequent, mit denen die einzelnen Absätze in den Standardtexten markiert und zitiert werden. Anstelle der fortlaufenden Durchnummerierung wird in einigen neueren Standardtexten sogar die numerische Ordnung angewendet[230], die unzutreffend auch als dekadische Ordnung bezeichnet wird. Es steht zu erwarten, dass dem IASB weitere Gestaltungsvarianten einfallen.

229 Die höheren Nummern sind ein wesentliches Alleinstellungsmerkmal der neuen Standards.
230 So z.B. in IFRS 9, aber nicht in IFRS 10 – 13.

Zur Erzeugung erhöhter Aufmerksamkeit zerfallen die IFRS- Rechnungslegungsstandards variierend in einen Standardtext und in einen oder mehrere **Anhänge.** Einige Anhänge[231] werden zu integralen Bestandteilen des Standards erhoben und sind wie der Haupttext für den Anwender unmittelbar verbindlich. Die übrigen Anhänge sind als unverbindliche Lesehilfen und Gebrauchshinweise gedacht. Sie werden im Band B (Beiwerk) der Jahresausgaben abgedruckt und beeindrucken durch wörtliche Wiederholungen und exaltierte Beispiele.

In den jüngeren IFRS-Standards werden die Definitionen der verwendeten Fachbegriffe und der Zeitpunkt des Inkrafttretens in einen „integralen" Anhang verbannt, um den eigentlichen Standard schlanker erscheinen zu lassen. Der ungeübte Leser wird über weite Textpassagen im Unklaren gelassen, welche Bedeutung die verwendeten Begriffe haben und ab welchem Zeitpunkt der vorliegende Standard erstmals zwingend anzuwenden ist.

Ein weiteres raffiniertes Stilelement des IASB sind wortgleiche Wiederholungen in der Einleitung, im Wortlaut und im Appendix[232] sowie in der Begründung des Standards. Da die Verfasser kein Zeilenhonorar erhalten, liegt die Vermutung nahe, dass der IASB davon ausgeht, dass die Definitionen und Regeln der IFRS erst nach mehrmaligem Lesen begriffen werden.

---

[231] Im Originaltext wird von „Appendix" gesprochen, was nicht mit „Blinddarm" übersetzt werden darf.

[232] Als willkürlich herausgegriffenes Beispiel: Die „gemeinschaftliche Vereinbarung" wird in IFRS 11.IN6, IFRS 11.4 und in IFRS 11.A wortgleich definiert. Siehe dazu auch das in Kapitel 8 zitierte illustrative Beispiel.

3 Rechnungslegung im weiteren Sinn

3.1 Entwicklung und Überblick

In den letzten Jahren wurde die Rechnungslegung der Unternehmen und Konzerne zunehmend um **schwer oder nicht berechenbare Elemente** erweitert. Leidtragende dieser Blähungen des *Financial Reporting* sind vor allem große Kapitalgesellschaften mit Kapitalmarktzugang. Die Erfahrung lehrt jedoch, dass nach relativ kurzer Zeit auch andere Unternehmen unter solchen Vapeurs leiden müssen.

Eine frühe Erweiterung stellte der sog. **Abhängigkeitsbericht** dar, den Vorstände von Tochter-Aktiengesellschaften bei nicht vertraglich unterlegten Konzernverhältnissen aufstellen und vom Abschlussprüfer prüfen lassen müssen[233]. Die darin geforderten Angaben zu Leistungen und Gegenleistungen bei Geschäften mit verbundenen Unternehmen sollen verhindern, dass die abhängige AG ausgebeutet wird und etwaige Nachteile nicht ausgeglichen werden.

Die nachfolgenden Flatulenzen der Rechnungslegung im weiteren Sinn mag konservativen Wirtschaftsprüfern etwas abwegig erscheinen. Sie sind erleichtert, dass eine inhaltliche Prüfung der Erweiterungen durch den Abschlussprüfer (noch) nicht vorgesehen ist.

Die Vorkämpfer der Wirtschaftsprüfer setzen jedoch auf **erweiterte Prüfungsaufgaben**. Erste Hoffnungen regten sich bei der obligatorischen „Erklärung zur Unternehmensführung“ (Kapitel 3.2) und setzten sich 2017 fort mit der „nichtfinanziellen Erklärung“ (Kapitel 3.3), die kapitalmarktorientierte Unternehmen mit mehr als 500 Beschäftigten jährlich abgeben müssen und deren Opulenz zunehmen wird.

Beide Erklärungen[234] sind jeweils als separater Abschnitt in den Lagebericht des Unternehmens aufzunehmen, es sei denn, dass sie gesondert veröffentlicht werden. Unbeschadet dessen sind die Inhalte der beiden Erklärungen vom Abschlussprüfer nicht zu prüfen. Er hat lediglich fest-

[233] §§ 312 f. AktG.

[234] Mutterunternehmen haben die Erklärungen für den Konzern abzugeben.

zustellen, ob die Erklärungen abgegeben worden sind oder nicht (§ 317 Abs. 2 Satz 4 HGB). Es ist zu befürchten, dass sich durch diese Ausbremsung der Abschlussprüfer die in der Fachliteratur mehrfach dramatisierte **Erwartungslücke**[235] vergrößert. Weitere Schwellungen des Nachhaltigkeitsberichts sind zu erwarten (s. Kapitel 3.3.2), sodass die Nothelferfunktion des Abschlussprüfers für den Aufsichtsrat an Umfang zunehmen wird.

Auf der anderen Seite muss der Aufsichtsrat, der schon mit der Prüfung des Jahresabschlusses genervt wird, die nichtfinanzielle Erklärung vollinhaltlich prüfen[236]. Aus Fürsorge für den möglicherweise überforderten Aufsichtsrat hat der Gesetzgeber vorgesehen, dass der Aufsichtsrat eine externe inhaltliche Prüfung der nichtfinanziellen Berichterstattung beauftragen kann[237]. Die Mehrheit der verpflichteten Unternehmen hat von dieser den Aufsichtsrat entlastenden Option Gebrauch gemacht.[238]

Zusätzlich sind bestimmte Unternehmen zu folgender Berichterstattung verpflichtet, die der Vollständigkeit halber genannt wird:

- Zwischenberichterstattung (Halbjahresfinanzbericht und Quartalsmitteilungen; §§ ff. WpHG),
- Vergütungsbericht (§ 162 AktG),
- Zahlungsbericht (§§ 341q ff. HGB).

3.2 Erklärung zur Unternehmensführung

Mit der Erklärung zur Unternehmensführung sollen betrübliche Aktivitäten und unbotmäßige Allüren von Vorstand und Aufsichtsrat durch abschreckende Offenlegung des praktizierten Verhaltens verhindert werden. Die Erklärung hat folgenden Inhalt:

---

235 *IDW* (Hrsg.) WP-Handbuch 2017, Düsseldorf 2017, M 13 f. Siehe auch *Horrorwitz*, Unerfüllte Erwartungen, Weimar 1991, *Liebeneiner*, Die Verzweiflung des Dr. K., Düsseldorf 2012.

236 Regierungsentwurf eines Umsetzungsgesetzes vom 17. 10. 2016, BT-Drucksache 18/9882, § 171 Abs. 1 AktG-E.

237 § 111 Abs. 1 Satz 4 HGB.

238 DRSC-Untersuchung ...

1. die sog. Entsprechenserklärung zum DCGK,
2. Schilderung von relevanten Unternehmensführungspraktiken, die über die gesetzlichen Anforderungen hinausgehen (Abhandlung über Führungsexzesse),
3. der Beschreibung der Arbeitsweise von Vorstand und Aufsichtsrat und ihrer Ausschüsse (Kollaborations- und Kollisionsbericht) sowie
4. das nach Rechtsform, Börsennotierung und Mitbestimmung des Unternehmens abgestufte umfangreiche *Diversity-* oder *Gender-Reporting*.

(1) In der **Entsprechenserklärung** müssen Vorstand und Aufsichtsrat gemeinsam erklären, dass den Empfehlungen des Deutschen Corporate Governance Kodex (DCGK) gefolgt wurde und wird oder welchen Empfehlungen nicht entsprochen wurde oder wird und warum nicht. Glücklicherweise sind die Empfehlungen des DCGK so weit zerlegt worden, dass ihre Befolgung oder Nichtbefolgung mit Hilfe von Check- und Strichlisten leicht verifiziert und i.d.R. durch die Rechtsabteilung des Unternehmens dokumentiert werden können.

Delikat ist die Kodex-Empfehlung, dass der Aufsichtsrat ein Kompetenzprofil für seine Zusammensetzung erarbeiten soll[239], weil mit Kompetenz nicht die (Entscheidungs-)Befugnis oder Zuständigkeit, sondern die individuelle Qualifikation und Beschlagenheit der Aufsichtsratsmitglieder gemeint sind. Bisher werden die erforderlichen geistigen Fähigkeiten und handwerkliche Fertigkeiten stillschweigend als gegeben angenommen.

Die feinen Konturen der persönlichen Kompetenz lassen sich nur durch Erkundigungen über das Elternhaus, die Schul- und Ausbildung, den Familienstand, den beruflichen Werdegang und die Steckenpferde der Aufsichtsratsmitglieder ermitteln. Die Ergebnisse sollten möglichst durch Zeugnisse, Atteste, Narben oder Aussagen integrer Personen untermauert werden[240].

[239] Änderungsvorschlag der Kodex-Kommission zu Tz. 5.4.1.
[240] Facebookprofile darf der Abschlussprüfer nicht ungeprüft akzeptieren.

Weitergehende Anforderungen, die auf innere Werte und verborgene Eigenschaften natürlicher Personen Bezug nehmen, wie das Verhalten eines „ehrbaren Kaufmanns", können nur durch hochnotpeinliche Verhöre oder künstlich stimulierte Gefühlswallungen zutage gefördert werden. Zur Wahrung der Verhältnismäßigkeit werden Unabhängigkeit und Integrität der Aufsichtsratsmitglieder vermutet, wenn Herkunft und Auftreten kein offensichtliches Fehlverhalten vermuten lassen.

Zur Erleichterung des Kompetenznachweises werden häufig verwandtschaftliche oder rotarische Verbindungen zum amtierenden Vorstands- oder Aufsichtsratsvorsitzenden als ausreichender Qualifikationsnachweis angesehen. Multiaufsichtsräten wird empfohlen, ihre einschlägigen Qualifikationen auf dem Handy zu speichern, um sich jederzeit als kompetent ausweisen zu können.

(2) Eindrucksvolle Beispiele für **Unternehmensführungspraktiken**, die das gesetzliche Maß überschreiten (Führungsexzesse)[241] sind z. B.

- laufende Fortbildung der Mitglieder von Vorstand und Aufsichtsrat,
- regelmäßige Gespräche der Organmitglieder mit ihren Mitarbeitern,
- rechtzeitige und ausreichende Unterrichtung unter Vorstandskollegen,
- Nutzung von Horoskopen bei der Besetzung von Führungspositionen,
- Verwendung von Orakelknochen bei wichtigen Vorstandentscheidungen oder
- gemeinsames Beten von Vorstand und Aufsichtsrat vor oder nach wichtigen Beschlüssen.

(3) Bei der Beschreibung der **Arbeitsweise** von Vorstand und Aufsichtsrat und ihrer Ausschüsse geht es vor allem um die Häufigkeit der Begegnungen ihrer Mitglieder und um Maßnahmen, mit denen die Ineffizienz des Plenums durch die Reibungsverluste extensiver Ausschussarbeit kompensiert wird. Viel spricht dafür, dass in der Erklärung die wesentlichen Themen und Inhalte der Sitzungen genannt werden.

241 Dazu ausführlich *Mortimer*, Übermäßige Managementpraktiken in mäßig disziplinierten Unternehmen, Diss. Hamburg 2016, S. 189 ff.

Nicht notwendig ist nach vorläufiger Ansicht der Experten, dass in den Niederschriften über Aufsichtsrats-, Vorstands- und Ausschusssitzungen auch schwachsinnige Argumente oder deutliche Äußerungen des Unwillens der Teilnehmer festgehalten werden, wenn sie Entscheidungen oder anstehende Maßnahmen nicht beeinflusst haben.

(4) Das ***Diversity Reporting*** bezieht sich auf die Verwaltungsgremien des Unternehmens und beschränkt sich i.d.R. auf die gesetzlich geforderte Vielfalt durch die beiden üblichen Geschlechter von Mann und Frau. Die Nichterwähnung des ungewissen und eines dritten Geschlechts wird derzeit stillschweigend geduldet.

Bei der börsennotierten *und* mitbestimmten, also doppelt heimgesuchten Aktiengesellschaften, muss sich der Aufsichtsrat zu mindestens 30 % aus Frauen und zu mindestens 30 % aus Männern zusammensetzen. 40% der Amtsstellen dürfen anderweitig mit beliebigem Geschlecht besetzt werden. Bei börsennotierten *oder* mitbestimmten Gesellschaften muss der Aufsichtsrat Zielgrößen für den Frauenanteil im Aufsichtsrat und im Vorstand festlegen und der Vorstand für die beiden unter ihm angesiedelten Führungsebenen bestimmen. Siehe Kapitel B. 2.4.1 und 2.5.3.

Große, börsennotierte Kapitalgesellschaften müssen zusätzlich in einem Diversitätskonzept beschreiben, auf welche Art und Weise die genannten Ziele umgesetzt werden und welche Ergebnisse im Geschäftsjahr erreicht worden sind. So wäre bspw. darzulegen, wie der Frauenanteil innerhalb von neun Monaten auf die Zielgröße 49,2 % angehoben werden soll und warum nur 48,7 % erreicht wurden oder ob und wie der geschlechtsfreie Anteil von 40% nicht ausgefüllt wurde. Dabei ist immer mit ganzen Personen zu rechnen.

Erwähnenswert sind ferner geschlechtsspezifische Fördermaßnahmen wie Sonderurlaub und finanzielle Unterstützung für Geschlechtsumwandlungen oder Babykurse für Vorstandsmitglieder.

Ungewohnt, aber wissenswert sind Angaben zur weiteren Vielfalt der Mitglieder wie Internationalität, Qualifikation, Religion, Zugehörigkeit zu Netzwerken und andere unternehmensrelevanten Eigenarten.

3.3 Nichtfinanzielle Erklärung, Nachhaltigkeitsbericht

3.3.1 Derzeitige Zumutungen

Die nichtfinanzielle Berichtserstattung ist der sozialen Verantwortung der Kapitalgesellschaft (*Corporate Social Responsibility*; CSR) gewidmet. In dem CSR-Bericht ist einleitend das oft nur im Unterbewusstsein definierte **Geschäftsmodell** des Unternehmens bewusst zu beschreiben. Im Grunde geht es um die Art und Weise, wie das Unternehmen unter Einsatz der verfügbaren Ressourcen Werte schafft. Häufig weiß man nur, dass Geschäftsmodell spätestens dann überholt ist, wenn es der Unternehmensspitze zu wohl wird.

Im Übrigen ist in der nichtfinanziellen Erklärung zumindest auf folgende **Aspekte** einzugehen[242]:

1. Umweltbelange (z.B. Begrenzung oder Filterung des Dampfablassens auf der Vorstandsetage, Einsatz erneuerbarer Dienstwagen);
2. Arbeitnehmerbelange (z. B. Geschlechtergleichstellung bei der Verlosung der Firmenparkplätze)
3. Sozialbelange (z.B. Unterstützung der lokalen Feuerwehr oder regionaler Künstlerinnen);
4. Achtung der Menschenrechte (z.B. Kinderarbeit nur in Schulen);
5. Bekämpfung von Korruption und Bestechung (z.B. Ernennung eines *Corruption Officers*, der auch für Bestechungen zuständig ist).

Vor der Aufnahme weiterer Aspekte in den CSR-Bericht ist zweierlei zu bedenken: Aspekte sind Gesichtspunkte, die wie Sommersprossen nur in geringer Zahl schön wirken. Die Nichtfinanzielle Erklärung sollte nicht umfangreicher sein als der Anhang und der „erklärungsfreie" Lagebericht zusammen.

Bei der CSR-Berichtserstattung kann der Verweis auf Empfehlungen und Checklisten nationaler oder internationaler Rahmenwerke[243] Ent-

[242] Die aufgeführten Beispiele sind keine abschließende Aufzählung, demonstrieren aber die unermessliche Weite und Tiefe der Aspekte.

[243] Zum Beispiel: Leitsätze der OECD für multinationale Unternehmen oder der Deutsche Nachhaltigkeits-Kodex).

lastung bringen. Er ermöglicht eine schlanke Formulierung der sonst leicht ausufernden Erklärung.

Für den Umgang mit den genannten Aspekten verlangt der Gesetzgeber, dass sowohl die verfolgten **Konzepte** als auch die Eifrigkeit beschrieben werden, mit der die konzipierten Ziele und Aktionen verfolgt und kontrolliert werden (*Due-Diligence*-Prozess). Schließlich sind die wesentlichen Risiken anzugeben, die „sehr wahrscheinlich schwerwiegende negative Auswirkungen" auf die genannten Aspekte haben oder haben können.

Wenn für einen oder mehrere Aspekte kein Konzept vorliegt, ist dies in der nichtfinanziellen Erklärung zu bekennen und zu begründen. Da sich kein Topmanager Konzeptlosigkeit vorwerfen lassen will,[244] ist die Versuchung groß, anstelle der Fehlanzeige aspektbezogene Geschäftsrisiken mit unnötig vielen Worten zu bagatellisieren[245].

3.3.2 Künftige Weiterungen

Die **Europäische Kommission** plant wesentliche Erweiterungen und Präzisierungen für die CSR -Berichterstattung, da sie nach ihren Recherchen den erheblich gestiegenen Informationsforderungen der Adressaten derzeit nicht genügend gerecht wird. Mit ihrem vorgelegten Entwurf setzt die EU-Kommission[246] den modernen Trend der Gesetz- und Normengeber fort, Inhalt, Art und Weise der Rechnungslegung ausweglos und so detailliert vorzuschreiben, dass für kreative Gestaltungsideen der Berichterstatter kein Raum bleibt.

Zugleich bemerkt die Kommission, dass die Bezeichnung „nichtfinanzieller Bericht" ungenau ist, weil sie unrichtiger Weise impliziert, dass die verlangten Informationen über soziale und Umweltbelange nicht von finanzieller Relevanz seien. Daher soll künftig die Bezeichnung **„Nachhaltigkeitsberichterstattung"** (*Sustainability-Reporting*) verwendet werden.

[244] Siehe dazu *Kniepsack*, Chaos ist besser als gar kein Konzept, Hamburg 2015., S. 25 ff.
[245] Zur Technik siehe *Pauerhast*, Overwording, München 2017.
[246] Scheffler, Fortentwicklung der CSR-Berichterstattung, AG 2021, R 167 f.

Berichtspflichtig für die Nachhaltigkeit sind künftig große Unternehmen (Bilanzsumme 20 Mio. Euro, Umsatz 40 Mio. Euro und 250 Beschäftigte) und Mutterunternehmen großer Konzerne, egal ob sie kapitalmarktorientiert sind oder nicht. Die Berichtspflichten werden auf Kreditinstitute und Versicherungsunternehmen unabhängig von ihrer Rechtsform ausgedehnt. Kleine und mittelgroße Unternehmen (KMU) sollen ab 1.1.2026 berichtspflichtig werden; sie dürfen besondere KMU-Berichtsstandards anwenden. Die neuen Bestimmungen sollen am 1.1.2023 wirksam werden.

Die geforderten Informationen sollen durch Standards konkretisiert und für die Veröffentlichung ein einheitliches elektronisches Berichtsformat bestimmt werden. Der Nachhaltigkeitsbericht soll verständlich, relevant und repräsentativ sein, nachprüfbar, vergleichbar sein und in getreuer Weise (*faithful manner*) erfolgen.

Für die berichtspflichtigen Nachhaltigkeitsaspekte gilt eine **doppelte Wesentlichkeit**. Maßgeblich sind die Auswirkungen der Geschäftstätigkeit des Unternehmens auf Nachhaltigkeitsaspekte und die Auswirkungen der Nachhaltigkeitsaspekte auf Entwicklung, Vermögens- und Ertragslage des Unternehmens.

Es ist vorgesehen, dass der **Abschlussprüfer** den Nachhaltigkeitsbericht auf Übereinstimmung mit den Berichtsstandards mit „begrenzter Sicherheit" geprüft wird. Diese prüferische Durchsicht bedeutet, dass der Prüfer aufgrund der erlangten Nachweise zu der Überzeugung gelangt, dass der Gegenstand im Rahmen der gegebenen Umstände plausibel ist. Dieses für den Abschlussprüfer erfreuliche Neugeschäft setzt jedoch voraus, dass sich der Abschlussprüfer nachhaltigkeitsbezogene Kenntnisse aneignet und entsprechende Prüfungsstandards definiert werden.

Die europäische Abschlussprüfer-Verordnung muss an die neuen Anforderungen angepasst werden. Das sollte den vorsorgenden Wirtschaftsprüfer nicht hindern, schon jetzt mit entsprechenden Vorbereitungen und Fortbildungsmaßnahmen zu beginnen. Als erste Übung wird das tägliche Messen und Prüfen der Außentemperatur um 6.55 Uhr empfohlen, die nach erreichter Routine um das Messen der Windstärke und der Niederschläge ergänzt werden sollte.

3.4 Digitalisierung

Gravierende Auswirkungen auf die Rechnungslegung erwachsen aus der rasch fortschreitenden Digitalisierung. Seit 2020 müssen die Finanzberichte börsennotierter Unternehmen in einem europaeinheitlichen **elektronischen Berichtsformat** in der *Extensible Hypertext Markup Language* (XHMTL) online veröffentlicht werden.[247] Viele Aufsichtsräte arbeiten bereits im Homeoffice und müssen mit der Technik von Videokonferenzen u.ä. Kommunikationsmitteln vertraut gemacht werden.

Vorstände und Aufsichtsräte müssen lernen, mit dem rein visuellen Kontakt zu ihren Gesprächspartnern und mit der Dauerberieselung von elektronischen Daten und Dialogen umzugehen. Die bisherige Beschäftigung mit dem Smartphone, die u. a. spannungslose Aufsichtsratssitzungen erträglich macht, wird nicht ausreichen, wenn künftig alle Daten, Fragen und Antworten nur noch elektronisch mitgeteilt und ausgetauscht werden. Die mühsam erworbenen Kenntnisse zur Fernbedienung des Fernsehers reichen nicht mehr aus.

Durch den drahtlosen Informations- und Gedankenaustausch werden **Aufsichtsratssitzungen,** bei denen alle Teilnehmer unbequeme Kleidung tragen und lieber woanders wären, in Zukunft überflüssig. Anstelle der von Aufsichtsräten dringend benötigten Sitzungsgelder wird es künftig leistungsabhängige Vergütungen geben, die sich nach Anzahl und Frequenz der Aufrufe einschlägiger Websites, E-Mails und Tweets richten. Letztere haben den Vorteil, dass man nicht denken muss, ehe man sie absetzt. Überwachungsrelevante Tweets werden voraussichtlich stark zunehmen.

Erzkonservative Kreise bestehen auf **Präsenzsitzungen**. Sie fordern, dass sich die Aufsichtsratsmitglieder bei der konstituierenden Sitzung und bei der Bestellung oder Abberufung von Vorstandsmitgliedern in die Augen sehen müssen. Sie lassen als Gegenargument nicht gelten,

[247] Finaler Standardentwurf der Europäischen Wertpapier- und Marktaufsicht (ESMA).

dass die Personalkompetenz des Aufsichtsrats durch künstliche Intelligenz wesentlich verbessert werden kann. Nach jüngsten Forschungsergebnissen von US-Ökonomen ist künstliche Intelligenz besser als natürliche geeignet ist, um erfolgreiche Manager zu identifizieren.[248]

Ungeklärt ist bisher, ob virtuelle Haupt- oder Gesellschafterversammlungen ohne Präsenz der Organmitglieder auf Dauer akzeptabel sind. Unternehmensnahe Seelsorger fragen schon jetzt besorgt, ob eine persönliche Begegnung der Aufsichtsratsmitglieder bei der jährlichen Haupt- oder Gesellschafterversammlung ausreicht oder ob zur Vermeidung von Verwahrlosung die Aufsichtsräte wenigstens viermal im Jahr gemeinsam eine warme Mahlzeit einnehmen sollten.

[248] *Lea Stern et al.*, Selecting Directors using Learning Machines.

Kapitel D

DIE HAUPTTÄTIGKEITEN DER WIRTSCHAFTSPRÜFER

1 Der Abschlussprüfer

Die Berechtigung zur Abschlussprüfung[249] wurde den Wirtschaftsprüfer in die Wiege gelegt. Die Abschlussprüfung ist bis heute ihre klassische Tätigkeit, die ihnen bei großen Kapitalgesellschaften von Gesetzes wegen allein vorbehalten ist. Damit ist der Wirtschaftsprüfer in Deutschland neidvoll als „*Auditor Classicus*“[250] anerkannt. Seine delikate Aufgabe besteht darin, den Jahres- oder Konzernabschluss von Unternehmen als so gut oder schlecht zu beurteilen, wie er tatsächlich ist.

In einer mehrjährigen Ausbildung ist der Wirtschaftsprüfer zum Rechnungslegungsexperten 1. Klasse ausgebildet worden, der trotz wenig Ahnung vom betrieblichen Geschehen in dem zu prüfenden Unternehmen genau weiß, wie es im Jahresabschluss abzubilden ist. Er muss die in der Buchführung des Unternehmens verzeichneten Vorkommnisse so weit begreifen, dass er deren Abbildung in Abschluss und Lagebericht verifizieren und beurteilen kann.

Während der Abschlussprüfer ursprünglich als Archäologe die jüngste Unternehmensgeschichte erforscht hat, muss er heute zunehmend als Zukunftsforscher tätig werden, weil exponierte Adressaten der Rechnungslegung vor allem an der künftigen Entwicklung des Unternehmens und deren Chancen und Risiken interessiert sind.

1.1 Der Testator

1.1.1 Begriff und Evolution

Zum besseren Verständnis der Verantwortung und der Tätigkeiten des Abschlussprüfers soll seine geschichtliche Entwicklung dargestellt werden. Aus Gründen der Unbefangenheit wird in diesem Kapitel nicht vom „Abschlussprüfer“, sondern in Anbetracht des Prüfungsziels vom „Testator“[251] gesprochen.

---

249 Für den wenig eingeweihten Leser sei darauf hingewiesen, dass mit „klassischer Abschlussprüfung“ nicht das Examen am Ende einer langwierigen Ausbildung angesprochen ist; das Abitur und ähnliche Abschlussprüfungen sind nicht gemeint.

250 In Anlehnung an den „Civis classicus“ im antiken Rom, wie man die Angehörigen der höchsten Vermögensklasse (classis prima) bezeichnete. Klassisch ist hier gemeint als „mustergültig, vorbildhaft“.

251 Dies wäre eine attraktive gesetzlich zu schützende Berufsbezeichnung für einen „graduierten Wirtschaftsprüfer“.

Im Wörterbuch[252] findet man „Testator“ mit „Erb-lasser“ übersetzt, was jedoch allenfalls auf reiche Wirtschaftsprüfer zutreffen mag, die ihre allerletzte Abschlussprüfung hinter sich gebracht haben. Als berufsnahe Übersetzung muss mit Testator der „Er-blasser“ angesprochen werden. Der Abschlussprüfer erblasst, wenn er mit der Bilanzpolitik des zu prüfenden Unternehmens konfrontiert wird. Er testiert daher am Ende seiner Prüfung bleich, aber unerschrocken den vorgelegten Jahresabschluss und Lagebericht. Daraus ergibt sich die volksetymologische Ableitung, dass mit „Testator“ der „allzeit bereite Testaterteiler“ gemeint sei[253].

Die rasante Entwicklung der Rechnungslegung dokumentiert sich augenfällig darin, dass die Halbwertzeiten der einschlägigen Vorschriften bereits eine dramatische Kürze angenommen haben. Bei den oft erratischen Veränderungen der Rechnungslegungsgrundsätze konnten Mutationen des Abschlussprüfers nicht ausbleiben. Evolutionsgeschichtlich unterscheidet man den Testator I, II, III und IV[254].

In der ersten Phase der modernen Rechnungslegung in Deutschland, die von 1931 bis 1964, also 33 Jahre dauerte, war der Abschlussprüfer dem **Gläubigerschutz** verpflichtet. Die am härtesten umkämpfte Stellung der Abschlussprüfung war, insbesondere in schwieriger Situation des geprüften Unternehmens, die Rückstellung. Die vom Abschlussprüfer bevorzugte Lage war die stille Rücklage. Der **Testator I** war nur bei zulänglichen stillen Rücklagen aus der Reserve zu locken.

Mit dem Aktiengesetz von 1965 wurde unter dem Vorwand stärker präzisierter Rechnungslegungsvorschriften neben dem Schutz der Gläubiger der **Aktionärsschutz** propagiert. Dessen schwache Signale nahmen die Wirtschaftsprüfer allerdings nur literarisch zur Kenntnis[255]. Als Abschlussprüfer verharrten sie im Testator-I-Zustand. Sie hielten

252 *Wahrig*, Deutsches Wörterbuch, 1980, Spalte 3699.

253 = ABT. Was für das Auto das ABS, ist für die Rechnungslegung der ABT (Hoelle-*Scheumann*, Durchsetzungsvermögen aussprechbarer Abkürzungen, Konstanz 1999, S. 134).

254 Grundlegend *Blunzmann*, Genetik und Evolution, Band III Primaten, 3. Auflage, Heidelberg 2003, S. 1314 ff.

255 Vgl. *Forster*, Vom Gläubigerschutz zum Aktionärsschutz, WPg 1964, S. 422 ff.

den Aktionärsschutz für eine Vorstandsangelegenheit, um die sich der Aufsichtsrat nicht kümmern musste.

In diesem Vakuum haben die Vorstände der börsennotierten Aktiengesellschaften Ende der 80er Jahre schließlich den *Shareholder Value*[256] entdeckt. Sie verstehen darunter den Wert des Aktionärs, der umso höher zu veranschlagen ist, je zurückhaltender der Aktionär gegenüber der Verwaltung der AG auftritt[257]. Die Unaufdringlichkeit eines Aktionärs hängt insbesondere von der prozentualen Höhe seiner Beteiligung ab.

Zwanzig Jahre später wurde durch das Bilanzrichtliniengesetz von 1985 (BiRiLiG)[258] ein Hauch von europäischer Rechnungslegung in die stickige Luft der deutschen Bilanzwerkstätten und Prüferstuben geblasen. Die damit verbundene Aufblähung der Rechnungslegung haben die Wirtschaftsprüfer mit Hilfe eigener und fremder Bilanzkommentare gut verkraftet[259]. Die aufblühende schriftstellerische Leidenschaft ließ die Wirtschaftsprüfer zum **Testator II** mutieren. Sie reduzierten ihre Prüfungshandlungen, damit genügend Zeit für das Testieren der Jahresabschlüsse blieb.

Idealistische Adressaten der Rechnungslegung hofften, dass mit der Novellierung des Bilanzrechts Unregelmäßigkeiten bei der Rechnungslegung verhindert oder durch den Abschlussprüfer entdeckt würden. Ihre Enttäuschung wurde literarisch als Erwartungslücke verarbeitet. Sie konnte bis heute nicht geschlossen werden, obwohl als Hauptquelle größere Informations- und Überwachungslücken von Vorstand bzw. Aufsichtsrat ans Licht kamen.

Die genannten Lücken veranlassten bereits 13 Jahre nach dem BiRiLiG den Gesetzgeber, die Rechnungslegungsvorschriften erneut zu ändern. Mit dem Gesetz zur Kontrolle und Transparenz im Unternehmensbe-

---

[256] *Rappaport*, Creating Shareholder Value, New York 1986. Zum deutschen Verständnis siehe *Gentelmann*, Der Wert des lästigen Aktionärs, Düsseldorf 1999.

[257] Ausführlich dazu *Hakelmacher*, Vom Teen-Ager zum Man-Ager, 2. Auflage, Wiesbaden 1996, S. 118 ff.

[258] BiRiLiG vom 19.12.1985, BGBl I, S. 2355 ff.

[259] Vgl. *Hakelmacher*, Die bilanzielle Entsorgung für die 90er Jahre, WPg 1988, S. 103.

reich (KonTraG) von 1998[260] wurde der **Aufsichtsratsschutz** geschaffen. Der Gesetzgeber glaubte, dass dem Aufsichtsrat noch zu helfen war, in dem er die Aufsichtsratsmitglieder vor ihrem typischen Amateurstatus zu schützen versuchte.

Der **Testator III** sollte die Überwachungslücke, die der Aufsichtsrat als Biotop von hoher Prominenz und niedriger Präsenz hinterließ, als Lückenbüßer ausfüllen. Ihm wurden in Bezug auf die künftige Entwicklung des Unternehmens seherische Gaben zugeschrieben, obwohl der gesetzliche Prüfungsumfang dies nicht ausdrücklich vorsieht. Das größte Risiko für den Testator III lag in der verspäteten Entdeckung von Risiken, die das zu prüfende Unternehmen existenziell bedrohen.

Da Spitzenmanager ständig betonen, dass unternehmerische Aktivitäten nun mal mit Risiken verbunden sind, bestand die besondere Herausforderung für den Testator III darin, bei der Prüfung erlangte Risikoerkenntnisse rechtzeitig und aufrüttelnd dem Aufsichtsrat mitzuteilen. Nörgelnde Kritiker halten die entsprechende Redepflicht des Abschlussprüfers für verbesserungswürdig.

Zur Ablenkung von solch finsteren Gedanken wurde mit dem neuen § 292a HGB für die Konzernrechnungslegung die Anwendung der internationalen Rechnungslegungsgrundsätze ermöglicht und damit eine erste Bresche in die Trutzburg des deutschen Bilanzrechts geschlagen. Sie wurde sechs Jahre später durch das Bilanzrechtsreformgesetz von 2004 (BilReG) mit dem § 315a HGB zum vollen Einsturz gebracht. Als Folge veränderte sich der Abschlussprüfer erneut. Die neue Abart konnte relativ bald als **Testator IV** klassifiziert werden[261].

Der Testator IV ist dadurch gekennzeichnet, dass er durch ständige Änderungen und Ergänzungen der Rechnungslegungsnormen zu pausenloser Dauerlektüre gezwungen wurde. Infolgedessen musste er seine Prüfungshandlungen weiter einschränken, damit noch Zeit blieb, um

---

[260] Gesetz vom 27.4.1998, BGBl I 1998, S. 786 ff. Ausführlich dazu *Ernst/Seibert/Stuckert*, KonTraG, KapAEG, StückAG, EuroEG, Text und Begründungen, Düsseldorf 1998; zitiert als Begründung RegE.

[261] *Schmalfuß*, Systematik gewisser Elemente, 3. Auflage, Köln 1999, S. 87.

die ihm vorgelegten Abschlüsse und Lageberichte zu testieren. Statt Prüfungstechnik und betriebswirtschaftliches Wissen, die den Testator I auszeichneten, wurden vom Testator IV spezielle Englischkenntnisse und ausdauernde Lesestärke gefordert, um bei der Flut von Bilanzrezepturen Boden unter die kalten Füße zu bekommen.

1.1.2 Zwischenergebnis

Die Evolutionsgeschichte belegt eindrucksvoll die **Überzüchtung des Testators.** Als Testator I war der Abschlussprüfer mit soliden Prüfungshandlungen und langatmigen Prüfungsberichten beschäftigt-. Unter dem Druck neuer und umfangreicher Rechnungslegungsvorschriften mutierte der Testator nach 1985 immer mehr zu einem durchgeistigten Wesen[262]. Der Testator II entfaltete ungehemmte schriftstellerische Neigungen, mit denen er das Unerklärliche der Rechnungslegung sich selbst und Anderen unverständlich zu erklären versuchte.

Der in der Retorte des KonTraG von 1998 gezeugte Testator III wurde zu erster Hilfeleistung für den Aufsichtsrat erzogen. Zur Abhärtung und Aufrüttelung unausgeschlafener Aufsichtsräte sollte er diesen die düsteren Aussichten des Unternehmens vor Augen führen. Als Testator IV kämpft er – bildhaft gesprochen – mit Kopf und Feder gegen die Windmühlen auf den stürmischen IFRS-Ebenen.

1.1.3 Der virtuelle Abschlussprüfer

Der Wahn der Zeit könnte aus dem Testator IV den virtuellen Abschlussprüfer entstehen lassen. Er wäre die Vollendung der virtuellen Abschlussprüfung, die virtuose Aufsichtsräte erfunden haben, indem sie die ihnen obliegende Prüfung des Jahres- und des Konzernabschlusses mit der Entgegennahme des Prüfungsberichtes des Abschlussprüfers als erledigt betrachten.

Der humanistisch gebildete Berufsangehörige mag geneigt sein, bei „virtuell" an den „tugendhaften" oder „mannhaften" Abschlussprüfer zu denken. Gemeint ist aber der mittels Computer simulierte Abschlussprü-

---

262 Die Behauptung, dass der Testator II deshalb zum Lispeln neigt, ist wissenschaftlich nicht erwiesen. Vgl. *Pagendarm*, Der Abschlussprüfer im gerüchtlichen Verfahren, München 1988.

fer, mit dem der Mandant interaktiv verbunden ist[263]. Wo der reale Wirtschaftsprüfer als äußeres Zeichen hoher Intelligenz eine Vollglatze hat, hat der virtuelle Wirtschaftsprüfer eine Festplatte mit hoher Speicherkapazität.

Die Schaffung des virtuellen Abschlussprüfers verwirklicht einen lang gehegten Mandantenwunsch: an die Stelle des realen Abschlussprüfers tritt der *Auditor on Demand* (AoD). Der reale Abschlussprüfer, der schon immer auf Draht war, soll in Zukunft als virtuelles Medium zu jeder Zeit online zur Verfügung stehen. Dann kann sich der Mandant den gewünschten Abschlussprüfer über das Internet downloaden[264]. Der virtuelle Abschlussprüfer könnte somit auch offline bearbeitet werden, was kostengünstiger ist[265].

Das Bild des Abschlussprüfers muss man sich in Zukunft digitalisiert vorstellen. Der reale Wirtschaftsprüfer wird zwar noch als *Content-Provider* benötigt, doch kann man mit dem einfachen Befehl „*delete*" unerwünschte Eigenschaften beim virtuellen Abschlussprüfer unterdrücken[266], sodass sich der Mandant den gewünschten Abschlussprüfer selbst *designed*. Wenn der Mandant seine analoge Bilanzpolitik ebenfalls digitalisiert, könnten virtuelle Abschlussprüfungen und reale Bilanzpolitik verknüpft und mit hohem Speed das optimierte Prüfungsergebnis hergestellt oder simuliert werden.

Damit Rechnungslegung und Abschlussprüfung nicht völlig im Cyberspace verschwinden, kann sich der Mandant auch in einen Chat mit dem realen Wirtschaftsprüfer einloggen. Chatting kann eine völlig neue Beziehungskultur zwischen Abschlussprüfer und Mandant schaffen. Erste Studien belegen, dass die Teilnehmer im Chat ehrlicher miteinander umgehen als in der normalen Realität[267]. Daher ist eine schrittweise Einführung empfehlenswert.

---

263 Neben dem BtoB- und dem BtoC-Business wird es dann ein BtoA-Business geben.

264 AoD kann auch über den multimedialen Fernseher Loewe Audita aktiviert werden.

265 Die ad hoc eingesetzte Arbeitsgruppe „Pay-WP" beim Institut der Wirtschaftsprüfer arbeitet bereits an gebührenpflichtigen Varianten.

266 *Murkser*, Create your own Auditor, München 1999, www.murkser.de., s. auch das Testmagazin WCPro, Audit Component Solutions, Heft 135/2000, S. 67 f.

267 *Baker*, Honest Chatting, State University Ohio 2000.

In diesem Zusammenhang stellt sich dem modernen Rechnungsleger die bange Frage: Kommen wir mit **künstlicher Intelligenz** weiter? Bisher ist es nicht gelungen, die Vorgänge im menschlichen Gehirn zu imitieren. Daher besteht die künstliche Intelligenz in Verfahren des maschinellen Lernens[268]. Bisher fehlt den viel beschäftigten Wirtschaftsprüfern die Zeit, um die notwendigen Übungsdaten zusammenzutragen, damit ein erträglicher Lernalgorithmus entwickelt werden kann.

1.2 Die Folgen des Wirecard-Skandals

1.2.1 Die Affäre

Der Wirecard-Skandal hat die Glaubwürdigkeit der Rechnungslegung kapitalmarktorientierter Unternehmen und das Vertrauen in die damit befassten Gremien und Personen[269] schwer erschüttert. Die Einordnung dieses traurigen Kapitels in das vorliegende Handbuch ergibt sich aus der Tatsache, dass sich die Empörung gegen das für die Rechnungslegung zuständige Überwachungspersonal richten, weil die eigentlichen Verursacher und Beteiligte spurlos verschwunden sind oder verbissen schweigen. In der Schusslinie stehen die Abschlussprüfer und die Institutionen der Bilanzkontrolle.

Bei den vom Gesetzgeber gezogenen Konsequenzen kommen Vorstand und Aufsichtsrat relativ ungeschoren davon. Immerhin soll das Sachverständnis auf den Gebieten der Rechnungslegung und der Abschlussprüfung im Aufsichtsrat von PIEs verdoppelt werden. Im Rahmen der gesetzgeberischen Skandalverarbeitung ist aber für die genannten Unternehmen nicht einmal die Einrichtung eines Compliance-Management-Systems vorgeschrieben worden.

Das Desaster ist bei der Wirecard AG (abgekürzt „WC“) passiert, die ihren Sitz im stillen Örtchen Aschheim unweit von Poing hat. Der nachdenkliche Betrachter fragt sich, ob abgesehen von den vagen Hinweisen professioneller Leerverkäufer von Aktien nicht auch die genannten **Vorzeichen** Aufseher und Prüfer von WC hätten alarmieren müssen.

---

268 Rapp/Pampel, Zur Akzeptanz künstlicher Intelligenz in der Abschlussprüfung, WPg 2021, S. 678 ff.

269 Vorstands- und Aufsichtsratsmitglieder sowie Abschlussprüfer und Bilanzkontrolleure.

Vermisst werden neben der Recht- und Ordnungsmäßigkeit der Rechnungslegung u.a. 1,9 Mrd. Euro WC-Guthaben auf Treuhandkonten, von denen man nicht einmal weiß, ob sie da waren, bevor sie weg waren. Schockierte Finanzexperten grübeln darüber nach, warum die von WC engagierten Abschlussprüfer den Abfluss oder Verlust nicht rechtzeitig gemerkt oder bekanntgegeben haben. Haben hier Youngster ohne den erforderlichen Ernst geprüft? Sind gefährliche Risse im WC-Gebäude oder die Leckagen in den WC-Hotspots in Dubai, Singapur und Manila übersehen oder unterschätzt worden? Was sonst hat die Prüfungsperspektive vernebelt?

Nach dem Gesetz hat der Abschlussprüfer seine „Prüfung so anzulegen, dass Unrichtigkeiten und Verstöße gegen Rechnungslegungsvorschriften .... bei gewissenhafter Berufsausübung erkannt werden" (§ 317 Abs.1 Satz 2 HGB). Der Abschlussprüfer muss also immer auf Draht (*wire*) sein, wenn er dem Unternehmen voll in die Karten (*cards*) schauen will[270]. Wurde dieses **Wire/Card-Syndrom** bei WC unterdrückt?

Der **Gesetzgeber** hat auf die bei WC gemachten individuellen Fehler und Unachtsamkeiten mit systemischen Regulierungen reagiert, und zwar mit dem Finanzmarktintegritätsstärkungsgesetz (FISG)[271]. Neben sinnvollen Vorkehrungen wie mehr Sachverstand im Aufsichtsrat und strengere Regeln für die Abschlussprüfung hat er in letzter Minute das zweistufige System der Bilanzkontrolle auf eine einzige brutalere Stufe reduziert. Dieser Rohheit fielen sensiblere und effektvollere Lösungen zum Opfer. Insofern ist das FISG eigentlich ein mit heißer Nadel genähtes Bilanzkontrollintensitätsstärkungsgesetz (BISG).

1.2.2 Folgen für die Abschlussprüfung

Die Forderung an den Abschlussprüfer, bei der Abschlussprüfung stets eine **kritische Grundhaltung** einzunehmen, hat der nervöse Gesetzgeber dahingehend präzisiert, dass der Abschlussprüfer „ungeachtet bisheriger Erfahrungen mit der Aufrichtigkeit und Integrität des Führungspersonals und der Aufsichtsratsmitglieder des geprüften Unternehmens"

270 Mit dieser Mühsal und ihren Folgen beschäftigen sich Wirecardiologen.

271 Gesetz vom 3. 6. 2021, BGBl I 2021, S. 1534 ff.

alle Angaben hinterfragen und „die Möglichkeit in Betracht zu ziehen muss, dass es aufgrund von Sachverhalten oder Verhaltensweisen, die auf Unregelmäßigkeiten wie Betrug oder Unrichtigkeit hindeuten, zu einer wesentlichen falschen Darstellung gekommen sein könnte“[272].

Der gewissenhafte Abschlussprüfer darf als wandelndes Misstrauen Rechnungslegungsverstöße seines Mandanten nicht unbesehen ausschließen. Er muss alle offenen und verborgenen Dispositionen und Gelegenheiten für Manipulationen bedenken und aufspüren. Als Handreichung nennt die einschlägige Fachliteratur eine Fülle von anzüglichen Fragen und Erkundigungen, die der Abschlussprüfer mit seinem Auftraggeber (= Aufsichtsrat) sowie mit ansprechbaren kompetenten Führungskräften des Unternehmens erörtern soll.[273]

Der Abschlussprüfer muss im Rahmen der **obligatorischen Manipulationsrecherche** insbesondere prekäre Konstellationen ins Auge fassen, die prädisponierte Unternehmensangehörige zu Unregelmäßigkeiten verleiten können. Dazu gehören z.B. angespannte Performance-Erwartungen der Gesellschafter, der Kreditgeber und anderer Stakeholder, aber auch gewagte öffentliche Gewinnprognosen des Vorstandsvorsitzenden. Der enorme Druck solcher visionären Vorgaben kann bei widriger Ergebnisentwicklung zu Schönheitsoperationen an hässlichen Abschlusszahlen animieren.[274]

Die deliktbezogene Vertiefung der Revisionstätigkeit bedeutet, dass der Abschlussprüfer unentwegt nachsinnen muss, bei welcher Gelegenheit und bei welchen Abschlussposten gegen Rechnungslegungsvorschriften verstoßen werden könnte. Das setzt eine adäquate auf Bilanzschurkerei ausgerichtete Fantasie voraus, das bei den eher gradlinig denkenden Berufsangehörigen unterentwickelt ist. Daher bedarf es diesbezüglicher **Fortbildung und Aufrüstung**.

Berufsnahe Lehranstalten planen bereits Kurse für unschöpferische Berufsangehörige, um deren Imagination in Bezug auf bilanzielle Übelta-

[272] § 43 Abs. 4 und 5 WPO.
[273] Siehe z.B.: *IDW*, WPH 2019 L 503; *Schmidt* BeBiKo 12. Aufl., § 317 Rn 128 f.
[274] *Schmidt*, BeBiKo § 317 Rn. 190.

ten zu stimulieren. Mit Hilfe von Cum-ex-Experten sollen Workshops zur Entlarvung gefälschter Bankbestätigungen eingerichtet werden. Wirtschaftsprüfungsgesellschaften, die ihre Mandanten mit einem Allround-Service verwöhnen, wollen geeignete Mitarbeiter zu Profilern[275] für „Bilanzgefährder" ausbilden.

Der auf Argwohn gedrillte Abschlussprüfer muss künftig **forensische Elemente** in seine Prüfungsroutine einbauen. Er sollte für allfällige Delikte die Fingerabdrücke der Vorstandsmitglieder in seinen Akten festhalten. Während die übliche Abschlussprüfung als eine Abfolge systematischer Nadelstiche charakterisiert werden kann, entspricht die Methodik der forensischen Prüfung der Suche nach der Nadel im Heuhaufen. Praktiker setzen dabei stark auf Überraschungseffekte und sind aber enttäuscht, dass der Einsatz von Pyrotechnik[276] aus berufsethischen und gesundheitlichen Gründen nicht gestattet ist.

In der Hektik der Neuregelung wurde u.a. nicht daran gedacht, dem Abschlussprüfer ein gleiches direktes Auskunftsrecht gegenüber den Bereichsleitern der Unternehmen zuzugestehen wie es den Mitgliedern des Prüfungsausschusses gewährt wurde (§ 107 Abs. 4 AktG; s. Kapitel B 2.5.4).

Dem Brüten über denkbare Bilanzdelikte sind allerdings durch die Fristen für Abschluss und Lagebericht **zeitliche Grenzen** gesetzt. Ohne konkrete Anhaltspunkte für Unregelmäßigkeiten genügt es, wenn der Abschlussprüfer alle nicht völlig absurden Umstände beleuchtet, die zu Unregelmäßigkeiten verführen oder Anlass geben könnten. Wenn die 24 Stunden eines Prüfungstages dafür nicht ausreichen, darf der gewissenhafte Abschlussprüfer nicht vor Nachtarbeit zurückschrecken.

Darüber hinaus müssen dem an sich grenzenlosen Misstrauen des Abschlussprüfers aus Gründen der Rationalität und der Wirtschaftlichkeit zeitliche und sachliche Grenzen zugestanden werden. Man wird selbst

[275] Fachleute für die Erstellung von psychologischen Täterprofilen.

[276] In der Asche des Heuhaufens wäre die Nadel leichter zu finden bzw. ihr Verschwinden schneller nachzuweisen.

bei Verdacht auf bandenmäßige Kriminalität nicht verlangen können, dass der Abschlussprüfer neben Inaugenscheinnahme und nachdrückliches Auskunftsverlangen, Inventur-, Beleg-, Wert- und Plausibilitätsprüfungen zusätzlich Hypnose, astrologische Gutachten oder andere Orakeltechniken einsetzt, um Bilanzdelikten auf die Spur zu kommen. Trotz ermutigender Laborergebnisse sind solche Methoden wegen der ungeklärten Risiken und möglichen Nebenwirkungen wie Schockstarre oder Schüttelfrost nicht anzuraten.

Der Gesetzgeber versucht, mit dem FISG die Abschlussprüfung bei Unternehmen von öffentlichem Interesse und die Bilanzkontrolle durch höhere Haftungsgrenzen, Begrenzung der Mandatsdauer, Straftatbestand bei Fahrlässigkeit, Aufwertung des Prüfungsausschusses des Aufsichtsrats und Verbot von Nichtprüfungsleistungen sowie stärkere Zwangsmittel der Bilanzkontrolle in den Würgegriff zu bekommen.

Bei Unternehmen von öffentlichem Interesse ist die zulässige **Höchstlaufzeit des Mandats** des Abschlussprüfers unerbittlich auf 10 Jahre begrenzt worden. Werden die Abschlussprüfungen von Wirtschaftsprüfungs-Gesellschaften durchgeführt, muss der verantwortliche Prüfungsleiter seine Teilnahme an der Abschlussprüfung nach fünf Jahren beenden (43 Abs. 6 WPO). Von der beschleunigten Rotation verspricht sich der Gesetzgeber mehr Unabhängigkeit und Neutralität des Abschlussprüfers.

Achtsame Beobachter machen darauf aufmerksam, dass durch die **akzelerierte Rotation** bei den Abschlussprüfern Gefühle von Schwindel und Entwurzelung auftreten können. Der Verlust der bisherigen Wirkungsstätte und Honorarquelle in Verbindung mit der Ungewissheit über neue Prüfungsmandate könne zu Stress bis zur vollen seelischen Erschöpfung der Betroffenen führen. Der schnellere Turn-out des abgenutzten Abschlussprüfers dürfe nicht zu dessen Burn-out eskalieren.[277]

Als sozial verträgliche Lösung bietet sich an, den ausgewechselten Abschlussprüfer bei unzweifelhafter Integrität als Finanzexperten in

[277] *Klabauterbach*, Homeoffice als Herausforderung und Therapie, Düsseldorf 2020.

den Aufsichtsrat des bisher von ihm geprüften Unternehmens zu berufen.[278] Damit würden die im Laufe des vorangegangen Prüfungsmandats gesammelten Kenntnisse des Abschlussprüfers über Stärken und Schwächen des Unternehmens nicht verloren gehen. Die Entlarvung und Überwachung von Bilanzgefährdern würde erleichtert werden. Schließlich könnte der in den Aufsichtsrat entsorgte Berufskollege den im Noviziat befindlichen Abschlussprüfer professioneller auf relevante Schwachstellen und Risiken hinweisen – natürlich mit dem unternehmenspolitisch gebotenen Feingefühl.

Eine solche Entsorgung würde das gegenseitige Rollenverständnis von Aufsichtsrat und Abschlussprüfer verstärken und das knappe Angebot an Finanzexperten (Kapitel B 2.5.3) erweitern. Allerdings darf die Gefahr nicht unterschätzt werden, dass dadurch die kritische Grundhaltung des ehemaligen Abschlussprüfers aufgeweicht wird, sodass seine Zukunft als Abschlussprüfer in Frage gestellt sein könnte.

Der Abschlussprüfer eines PIE darf für dieses Unternehmen **keine Nichtprüfungsleistungen** erbringen. Die bisherigen wenigen Ausnahmen wurden durch das FISG aufgehoben. Damit sollen die Risiken von Interessenkonflikten reduziert und die Unabhängigkeit des Abschlussprüfers gestärkt werden. Das Verbot von Nichtprüfungsleistungen betrifft Steuer-, Rechts-, Finanz- und Personalberatungsleistungen sowie Bewertungstätigkeiten, also höhere Dienstleistungen, zu denen Wirtschaftsprüfer ebenfalls befähigt und ausgebildet worden sind.

Durch das Verbot gehen den PIEs bisher unkompliziert abrufbare Kompetenzen und nützliches Wissen des Abschlussprüfers verloren. Sie müssen künftig, ggf. unter Zurückstellung wichtiger Investitionsvorhaben oder durch Verzicht der Führungskräfte auf ihr Weihnachtsgeld, anderweitig teuer erkauft werden.

1.2.3 Aufrüstung der Bilanzkontrolle

Da jede Reform auf möglichst komplette Neuerungen ausgerichtet ist, trifft sie auch Unschuldige. So wurde im Strudel des FISG in letzter Minute die erste Stufe des Bilanzkontroll-Verfahrens weggerissen, die von

[278] Das würde auch das enge Angebot an Finanzexperten erweitern.

der privatrechtlich organisierten Deutschen Prüfstelle für Rechnungslegung (DPR) wahrgenommen wurde.

Die Tätigkeit der DPR hat national wie international viel Anerkennung gefunden und beruhte auf der freiwilligen Mitwirkung der Unternehmen. Sie wird es ab dem 1. 1. 2022 nicht mehr geben. Zur Begründung heißt es, dass die DPR nicht darauf ausgelegt war, Betrugssachverhalte zeitnah aufzudecken. Dazu fehlten ihr Mittel und kriminalistische Expertise.

Die zweite Stufe des *Enforcements* wurde von der Bundesanstalt für Finanzdienstleitungsaufsicht (BaFin) wahrgenommen, die offenbar mit unzureichenden hoheitlichen Mitteln ausgestattet war. Bei ihr soll nunmehr die Bilanzkontrolle konzentriert und zur **Bilanzinquisition** hochgerüstet werden. Sie wird mit weiterreichenden Auskunfts-, Vernehmungs-, Einsichts- und Durchsuchungsrechten ausgestattet, um Bilanzdelikte aufzuspüren und zu verfolgen.

Das zur Bilanzkontrolle notwendige Knowhow soll der BaFin dadurch beigebracht werden, dass die hochqualifizierten Beschäftigten der DPR kopflos, d.h. ohne das Präsidium, von ihr übernommen werrden.

Es bleibt zu hoffen, dass die künftig einstufige Bilanzkontrolle und die Beurteilung der zu untersuchenden Sachverhalte nicht auf eine juristische und kriminalistische Betrachtungsweise beschränkt wird. Es sollten auch die wirtschaftliche Vernunft und Betrachtungsweise angemessene Beachtung finden.

1.2.4 Whistleblower

Im Zusammenhang mit dem WC-Skandal machen Außenseiter auf die prophylaktische Wirkung eines Hinweisgebersystems aufmerksam. Dieses soll Mitarbeitern des Unternehmens und Personen seines Umfelds vertrauliche Informationskanäle eröffnen, um unter Wahrung der Anonymität und ohne Furcht vor Repressionen Straftaten, Unregelmäßigkeiten und Ethikverstöße zu melden.[279]

[279] EU-Hinweisgeberrichtlinie (EU 2019/1937) vom 23.10.2019, ABl v. 26.11.32019 L 305/17.

Die Erfahrung lehrt, dass es in jedem größeren Unternehmen genug Pfeifen gibt, welche die Einrichtung eines Whistleblower-Systems rechtfertigen. Dennoch wittern sensible Topmanager bereits Unheil, wenn Unternehmensangehörige, die nicht dem Vorstand angehören, vom Aufsichtsrat oder Abschlussprüfer direkt um Auskunft gebeten oder gefragt werden (siehe 5.1). Ohne eine vorherige Abstimmung mit dem Vorstand – so die stille Bangigkeit - würden solche unmittelbaren Kontakte leicht der Auftakt zu einem ständigen und bald zu lauten Pfeifkonzert sein.

Dennoch ist nicht auszuschließen, dass ein gut organisiertes und funktionierendes Hinweisgebersystem das WC-Desaster verhindert hätte oder seine Anfänge hätte erkennen lassen.

2 Die Abschlussprüfung

2.1 Vorspiel, Fortgang und Höhepunkt

Am Anfang der Abschlussprüfung stehen die Wahl des Prüfers durch die Haupt- oder Gesellschafterversammlung und der Prüfungsauftrag durch den Aufsichtsrat. Am Ende erwartet der Mandant einen uneingeschränkten Bestätigungsvermerk des Abschlussprüfers und der Aufsichtsrat einen verständlichen Prüfungsbericht. Auf der anderen Seite ersehnt der Abschlussprüfer ein auskömmliches Honorar und seine Wiederbestellung.

2.1.1 Prüfungsauftrag und -umfang

Der Abschlussprüfer wird von den Eigentümern des zu prüfenden Unternehmens gewählt, in der Regel auf der Grundlage nachdrücklicher Empfehlungen der Geschäftsleitung. Wenn die Unternehmensverwaltung durch einen Aufsichtsrat erschwert wird, erteilt dieser den Prüfungsauftrag. Sonst tut dies die Geschäftsführung.

Der gesetzliche **Umfang** der Abschlussprüfung ergibt sich aus § 317 HGB, der im Laufe der Zeit einige unangenehme, weil arbeitsaufwendige und risikobehaftete Erweiterungen erfahren hat. So ist u.a. zu prüfen, ob die Risiken der künftigen Entwicklung des Unternehmens oder Konzerns im Lagebericht zutreffend dargestellt sind. Die Tragweite dieser Erweiterungen wird immer noch zu eng interpretiert, da der Hauptrisikofaktor für das Unternehmen, nämlich das Topmanagement,[280] in Berichterstattung und Prüfung unbehandelt bleibt.

Obwohl ein normaler Aufsichtsrat wie ein gewöhnlicher Vorstand an einer reibungslosen Abschlussprüfung interessiert ist, kann er versucht sein, den Prüfungsauftrag auszudehnen, um sich von seiner Überwachungspflicht zu entlasten. Der Vorstand wird eine über den gesetzlichen Umfang hinausgehende Erweiterung des Prüfungsauftrags skeptisch beurteilen und versuchen, sie dem Aufsichtstrat auszureden, indem er sein eigenes Interesse mit „Kostenaspekten“ umschreibt.

[280] Siehe hierzu *Hakelmacher*, KonTraGproduktive Wirtschaftsprüfung, WPg 1999, S. 136.

Wenn der Aufsichtsrat trotzdem seiner Verantwortung frönen will, gerät der Abschlussprüfer in Versuchung, unliebsame **Weiterungen** der Abschlussprüfung zu verhindern, die zu unkalkulierbaren Regressansprüchen an den Abschlussprüfer führen könnten oder das Arbeitsklima mit dem Vorstand erheblich verschlechtern. Schließlich ist der Abschlussprüfer wie der Aufsichtsrat ziemlich gnadenlos auf die Informationsbereitschaft des Vorstands angewiesen.

Dem von der Beauftragung des Abschlussprüfers ausgeschlossenen Vorstand[281] bleibt als Trost die übliche Schlussbesprechung, in der der Abschlussprüfer seine Prüfungsergebnisse präsentiert und der übliche Ablass für Sünden gegen die GoB ausgehandelt wird. Grundlage der Schlussbesprechung bildet der nahezu fertige Berichtsentwurf des Abschlussprüfers, den der Vorstand durch eigene Textvorschläge beflissen redigiert, damit der endgültige Bericht bei der Lektüre keine Bauchschmerzen verursacht.

2.1.2 Beginn und Abwicklung der Abschlussprüfung

Der Prüfungsprozess gliedert sich gedanklich in Prüfungsplanung, Prüfungsdurchführung sowie Berichterstattung und Testierung.

Prüfungsplanung ist die gedankliche Vorwegnahme der vom Abschlussprüfer zu entfaltenden Betriebsamkeit, die den Mandanten überzeugen soll, dass das Testat das Prüfungshonorar und die erduldete Prüfung wert ist. Außerdem muss der Abschlussprüfer eine Prüfungsstrategie entwickeln, um mögliche Unregelmäßigkeiten zu entdecken.

Generell wird die Abschlussprüfung testatorientiert abgewickelt. Es ist jedoch nach wie vor lästige Berufsübung, dass der Bestätigungsvermerk nicht ohne ein Mindestmaß an Prüfungshandlungen und Berichterstattung erteilt oder versagt wird.

Um nicht in zeitliche Bedrängnis zu geraten, sollte der Abschlussprüfer seine **Prüfungsarbeit** mit dem Entwurf des Prüfungsberichts beginnen, der als Gerüst jeder Abschlussprüfung bestens geeignet ist. Beim Entwerfen erkennt der Abschlussprüfer, ob und welche Erhebungen und

281 Die Entbindung erfolgte durch das KonTraG mit Wirkung vom 1. 5. 1998.

Prüfungshandlungen notwendig sind, um dem Bericht die gewünschte Länge und Vollständigkeit zu geben. Eine enorme Erleichterung ist es, wenn auf den Bericht des Vorjahres zurückgegriffen werden kann, der sich mit minimalem Aufwand hinreichend aktualisieren lässt.

Der aktuelle Berichtsentwurf muss so rechtzeitig fertiggestellt sein, dass ihn der Vorstand des geprüften Unternehmens ohne Zeitnot vervollkommnen kann. Die Formulierungshilfen des Vorstands zielen darauf, die Bilanzierungs- und Bewertungskomplexe im Prüfungsbericht unaufgeregt zu beschreiben. Die zwischen Vorlage des Berichtsentwurfs und Schlussbesprechung liegende Zeit wird der routinierte Abschlussprüfer zur Dokumentation seiner Prüfungshandlungen nutzen.

Bei der Prüfungsdurchführung bereitet ein **neues Mandat**, z.B. durch den vorgeschriebenen Prüferwechsel (§ 319a HGB), für alle Beteiligten erhebliche Orientierungs- und Gewöhnungsprobleme. Der neue Abschlussprüfer muss den zu prüfenden Abschluss bis zur Schlussbesprechung so weit geprüft haben, dass er anschließend den Bestätigungsvermerk erteilen, einschränken oder versagen kann.

Im ersten Jahr eines Prüfungsmandats sind der Abschlussprüfer und sein Team vor allem damit beschäftigt, sich in den örtlichen Gegebenheiten des zu prüfenden Unternehmens ohne Nachfragen zurechtzufinden und Kontakte zu qualifizierten Auskunftspersonen zu etablieren[282]. Nach 6 Wochen vor Ort sollten die Prüfer den Namen des Chefbuchhalters und die Wege zum Fotokopiergerät und zum Kaffeeautomaten kennen. Spätestens im zweiten Jahr sollten sie auch die Vorstandsmitglieder und den Aufsichtsratsvorsitzenden des zu prüfenden Unternehmens mit Namen grüßen können[283], wenn diese zufällig ihren Arbeitsweg kreuzen.

[282] Es ist umstritten, ob Prüfungsassistenten, die unter dem vorhergehenden Abschlussprüfer gedient haben, als Pfadfinder benutzt werden dürfen. Ablehnend z.B. *Lenzen*, Tastaufgaben für den Abschlussprüfer, Würzburg 1999, S. 88; befürwortend dagegen *Mullenkopp*, Die verschlungenen Pfade moderner Abschlussprüfung, 2. Auflage, München 1999, S. 213 f.

[283] Zum Memorieren mag die mehrmalige Abschrift der sog. Dauerakte hilfreich sein. Siehe dazu *IDW*, Arbeitspapiere des Abschlussprüfers (PS 460, WPg 2000, S. 916).

Nach dieser Einarbeitung wird sich der sorgfältig handelnde Abschlussprüfer den branchenspezifischen Besonderheiten des geprüften Unternehmens zuwenden. Mutige Abschlussprüfer wagen es, sich durch den Betrieb oder ausgewählte Betriebsteile des Unternehmens führen zu lassen, um zu verstehen, was sich hinter den Abschlusszahlen verbirgt. Solche Besichtigungen helfen, um die für das Unternehmen erfolgs- und bestandskritischen Abschlussposten identifizieren zu können.

In den Folgejahren wird sich der Abschlussprüfer darauf konzentrieren, die Prüfungshandlungen, zu denen er sich in den Vorjahren hat hinreißen lassen müssen, zu dokumentieren. Schließlich muss dem Nachfolger der Eindruck einer soliden Prüfungstätigkeit hinterlassen werden. Dann muss das Ende der Mandatsdauer bedacht und der Übergang in ein neues Umfeld vorbereitet werden.

2.1.3 Das Ende: Bericht und Testat des Abschlussprüfers

Der Abschlussprüfer hat über seine Tätigkeit schriftlich zu berichten. Der **Prüfungsbericht** ist nach dem Testat das Wertvollste, was der Abschlussprüfer zu bieten vermag. Seine Ausstattung und sein Umfang müssen dem Prüfungshonorar angemessen sein. Der hohen Kunst des sprachlichen Ausdrucks des Prüfungsberichtes ist ein eigenes Kapitel gewidmet (siehe Kapitel D 2.3).

Der Prüfungsbericht ist dem Aufsichtsrat vorzulegen (§ 321 Abs. 5 HGB). In der Regel erhält jedes Aufsichtsratsmitglied ein eigenes Exemplar.

Vor Inkrafttreten des KonTraG wurde der Bericht des Abschlussprüfers den Aufsichtsratsmitgliedern aus Gründen der Vertraulichkeit oft nur unter erschwerten Bedingungen zugänglich gemacht. Neugierige Aufsichtsräte durften die angeketteten Berichte im spärlich beleuchteten Archivkeller oder kurz vor Beginn der Bilanzsitzung in einem fensterlosen Nebenraum einsehen[284].

Der nunmehr für jedes Aufsichtsratsmitglied mögliche körperliche Zugriff auf den Prüfungsbericht muss das Topmanagement nicht in Panik versetzen. Viele Aufsichtsratsmitglieder sind von dieser Freizügigkeit immer

[284] Siehe dazu *Murks-Krampfer*, Die virtuelle Abschlussprüfung, 3. Auflage, München 1997.

noch so überrascht, dass sie zur Wahrung der gebotenen Vertraulichkeit den Prüfungsbericht ungelesen archivieren. Im Übrigen sind etwaige monierende Ausführungen des Abschlussprüfers, welche die Schlussbesprechung mit dem Vorstand überlebt haben, nur unter sachkundiger Anleitung von Abschlussprüfer und Vorstand zu entschlüsseln.

Wichtig ist, dass die Berichte des Abschlussprüfers nicht durch intensive Lektüre lädiert oder entweiht werden, damit sie unbeschädigt aufbewahrt werden können.

Der **Bestätigungsvermerk**, mit dem der Abschlussprüfer die Recht- und Ordnungsmäßigkeit von Buchführung, Jahresabschluss und Lagebericht bescheinigt, wird bis heute als Bestätigung dafür angesehen, dass die Fortführung des geprüften Unternehmens zumindest bis zur nachfolgenden ordentlichen Gesellschafter- oder Hauptversammlung angenommen werden kann.

Seit 1998 sieht § 321 HGB eine längere Bestätigungsformel mit einem „deutlich bescheideneren Kernsatz“ vor. Sie soll dem Abschlussprüfer mehr Spielraum geben[285], das auszudrücken, was er sonst noch meint. Um dieses Wagnis zu begrenzen, hat das Institut der Wirtschaftsprüfer in einem Prüfungsstandard[286] Textvorschläge für den uneingeschränkten und den eingeschränkten Bestätigungsvermerk sowie für den Versagungsvermerk unterbreitet[287].

2.1.4 Auftritt vor dem Aufsichtsrat

Die vielen Privilegien der Abschlussprüfer, wie freier Zugang zu den Waschräumen oder zur Kantine des zu prüfenden Unternehmens, haben ihre Krönung in der Vergünstigung erfahren, direkt dem Aufsichtsrat berichten zu dürfen[288]. Die Abschlussprüfer sind vom Gesetzgeber sogar zur Teilnahme an der Bilanzsitzung des Aufsichtsrates verpflichtet.

Zur Einschätzung der Bilanzsitzung muss man wissen, dass Aufsichtsratsmitglieder, aber auch die meist anwesenden Vorstandsmitglieder

[285] *Ernst*, KonTraG und KapAEG..., WPg 1998, S. 1030.
[286] IDW PS 400, IDW Fachnachrichten 1999, S. 335 ff.
[287] *Schumanski*, Doping bei Formulierungsformeln, Köln 1998.
[288] Begeistert *Schwermer*, Eine Begegnung der besonderen Art, Frankfurt 1999.

glänzen wollen, auch wenn sie keinen Schimmer haben. Dementsprechend interpretiert der Vorstand die guten Seiten des Jahresabschlusses als Zeugnis seiner erfolgreichen Unternehmensführung, während der Aufsichtsrat bei uneingeschränktem Testat des Abschlussprüfers die wohltuende Wirkung seiner Überwachungstätigkeit konstatiert.

In der Bilanzsitzung bietet die **Gunst der Runde** dem Abschlussprüfer die Chance, dass der strahlende Glanz der anwesenden Organmitglieder auch ihm güldenen Schein verleiht. Daher sollte er bei aller kritischen Grundhaltung etwaige Unregelmäßigkeiten der Rechnungslegung nicht verletzend und nur bei unmittelbar drohender Insolvenzgefahr für das Unternehmen ansprechen.

Abschlussprüfer, die erstmals an einer Bilanzsitzung des Aufsichtsrates teilnehmen, sollten sich die folgenden **Erfahrungen von Insidern**[289] vor Augen halten:

- Aufsichtsräte wissen eigentlich alles, haben aber in der Regel wie andere Hoheiten wenig Ahnung von kaufmännischer Buchführung und Rechnungslegung. Sie vertrauen den diesbezüglichen Vorlagen und Erläuterungen des Vorstandes meist blind.
- Die regelmäßige Berichterstattung des Vorstandes an den Aufsichtsrat, der man eine gewisse Monotonie nicht absprechen kann, machen die Aufsichtsräte oft apathisch, sodass sie während der Sitzung leicht in einen unmerklichen Dämmerzustand fallen[290].
- In wachen Momenten halten sich Aufsichtsräte mit Erkundigungen zurück, weil sie vorhergehende Bemerkungen nicht mitbekommen haben oder befürchten, amtsschädliche Unkenntnisse zu offenbaren oder die rechtzeitige Beendigung der Sitzung gefährden.
- Die Dauer der Aufsichtsratssitzungen ist durch die Abfahrtzeiten prominenter Aufsichtsratsmitglieder oder durch das Anrichten des Aufsichtsratsessens limitiert[291].

289 *Absleider*, Lehren aus der Leere, Frankfurt 1970; 9. Nachdruck 1996.

290 Die Apathie setzt in der Regel bereits nach zwei Aufsichtsratssitzungen ein. Weiter aufklärend dazu *Biesenstrahl*, Organe in Ruhestellung und Erregungszustand, Zürich 1996.

291 So schon scharfsinnig beobachtet von *Bumsfiedel*, Prominenz und Präsenz in Aufsichtsräten, Stuttgart, 3. Auflage 1999.

Als willkommene Unterbrechung der Aufsichtsratsroutine erwarten die Aufsichtsratsmitglieder in der Bilanzsitzung einen unaufgeregten **Vortrag des Abschlussprüfers** über seine Erlebnisse bei der Abschlussprüfung. Das Elaborat darf den anwesenden Vorstand nicht enervieren und soll den Aufsichtsrat beruhigen. Der achtsame Abschlussprüfer wird daher problematische Abschlussposten oder bilanzpolitische Kapriolen des Vorstandes nach pflichtmäßigem Ermessen entweder nicht oder mit taktvoller Zurückhaltung beiläufig erwähnen. Irreführende Erläuterungen des Vorstands sollte der Abschlussprüfer diskret mit besänftigender fachlicher Anmutung richtigstellen.

Bei der Abfassung seines Vortrags muss der Abschlussprüfer davon ausgehen, dass die Aufsichtsratsmitglieder seinen Prüfungsbericht nicht gelesen haben. Er sollte daher nicht zögern, wesentliche und besonders eindrucksvolle Passagen daraus zu zitieren. Bei schwieriger Lage des Unternehmens muss er bedenken, dass eine zu herbe Beurteilung des geprüften Jahresabschlusses bei gutgläubigen Aufsichtsräten einen Schock auslösen kann, der in schlimmen Fällen die Amtsunfähigkeit zur Folge hat.

2.2 Kontrolle der Kontrollen

Kontrolle nennt man das Zusammenwirken von Trollen zur Gewinnung von Zweifeln oder Selbstsicherheit sowie von Gewissheit und Unklarheit.

2.2.1 Die 7 Prüfungsplagen

Für die Rechnungslegung der Unternehmen sind deren Topmanager verantwortlich, auch wenn sie von den dafür maßgeblichen Regeln und Umständen wenig wissen wollen und was Besseres gelernt haben. Bei der AG sind sämtliche Vorstandsmitglieder betroffen, auch jene mit völlig abwegigen Ressortzuständigkeiten. Daher müssen Abschluss und Lagebericht mehrfach professionell geprüft werden, um ihre Ordnungsmäßigkeit sicherzustellen.

Spektakuläre Bilanzskandale wie Enron, Worldcom, Parmalat und jüngst Wirecard haben das Vertrauen in die Rechnungslegung der Unternehmen und Konzerne immer wieder erschüttert und der Forderung nach intensiveren Bilanzkontrollen immer neue Nahrung verliehen. Wer sich in hoheitlichen oder lehrenden Funktionen um den Kapitalmarkt kümmert, hat das generelle Misstrauen gegenüber den Rechnungslegern zu der realitätsfernen Vorstellung gesteigert, dass die gesetzlichen Vertreter kapitalmarktorientierter Unternehmen nicht anderes im Sinn haben, als Bilanzen nach ihrem Geschmack zu manipulieren, und dass die Abschlussprüfer dies schlucken.

So konnten sich im Laufe der Geschichte die einfachen Buchprüfungen zu den sieben Plagen der Bilanzprüfung entwickeln.

1. Der vom Vorstand aufgestellte Abschluss und Lagebericht ist durch einen unternehmensexternen unabhängigen **Abschlussprüfe**r auf Recht- und Ordnungsmäßigkeit hin zu prüfen.
2. Abschluss und Abschlussprüfer eines Tochterunternehmens unterliegen der Kontrolle durch den **Konzernabschlussprüfer** (s. Kapitel 2.2.2).
3. Danach unterliegt der vom Abschlussprüfer geprüfte Abschluss der Prüfung durch den **Aufsichtsrat** der Gesellschaft, der neben Recht- und Ordnungsmäßigkeit auch die Wirtschaftlichkeit und Zweckmäßigkeit von Abschluss und Lagebericht zu prüfen hat.
4. Die Abschlussprüfer stehen unter der Berufsaufsicht durch die Wirtschaftsprüferkammer (**WPK**), die ihrerseits wie der Abschlussprüfer
5. von der Abschlussprüferaufsichtsstelle (**APAS**) überwacht wird.
6. In Stichproben oder aus gegebenem Anlass werden die geprüften und festgestellten Abschlüsse und Lageberichte durch die BaFin aufs Schärfste kontrolliert (**Bilanzinquisition**).
7. Als Letztes kann noch eine **gerichtliche Nachprüfung** der genannten Tätigkeiten und ihrer Ergebnisse erfolgen.

2.2.2 Kollegenkontrolle

Schon seit über dreißig Jahren wird die „robuste Kollegen-Kontrolle“, kurz RoKoKo genannt, bei der Abschlussprüfung von Konzernunternehmen praktiziert. Sie dient dem Konzernabschlussprüfer dazu, den Konzern von anderen Abschlussprüfern zu bereinigen[292]. Damit wird die

[292] Siehe dazu *Hakelmacher*, Der integrierte Gesamt-Wirtschaftsprüfer – Rechnungslegung und Prüfung in den 80er Jahren, WPg 1980, S. 100.

den Konzernabschluss beherrschende Einheitstheorie konsequent auf die Abschlussprüfungen der Konzernunternehmen übertragen[293]. In der einheitlichen Unternehmung „Konzern“ soll nach der Grundeinstellung des Konzernabschlussprüfers bei allen Konzernunternehme nur er oder sein Netzwerk als Abschlussprüfer tätig sein. Die Eliminierung fremder Abschlussprüfer nennt man **Konsolidierung des Konzernabschlussprüfers**. Ihre Vorstufe ist die robuste Kollegen-Kontrolle (RoKoKo).

Ausgelöst wird das **RoKoKo-Verfahren** durch die zunehmende Frustration des Konzernabschlussprüfers, wenn er auf die Prüfungsergebnisse anderer Abschlussprüfer zurückgreifen und damit seinen eigenen Tätigkeits- oder Erwerbsdrang einschränken muss. Zum Instrumentarium der RoKoKo gehören in erster Linie verfeinerte Prüfungsstandards des Konzernabschlussprüfers, die konzerneinheitlich anzuwenden sind und die ein anderer Abschlussprüfer zeit- und kostengerecht kaum erfüllen kann.

Um die erstrebte Assimilation den Spitzenmanagern des Mutterunternehmens verständlich zu machen, wird der Konzernabschlussprüfer bei jeder Gelegenheit auf die unvermeidbaren zeitlichen Verzögerungen und höheren Kosten hinweisen, die für den Gesamtkonzern durch verschiedene Abschlussprüfer bei den Konzernunternehmen entstehen.

In den 80er Jahren des letzten Jahrhunderts wurde zur Qualitätssicherung der Abschlussprüfung die ***Peer Review*** propagiert, bei der ein Abschlussprüfer einen anderen Abschlussprüfer inspiziert. damit sich Abschlussprüfer länger zieren, bevor sie schließlich doch testieren. Obwohl die unnachsichtige Nachschau durch Kollegen einer gewissen Noblesse nicht entbehrt[294], wurde sie anfangs als berufsunwürdig abgelehnt. „Die Ausübung eines freien Berufes ist letztlich eine Geisteshaltung“, die „nur bis zu einem gewissen Grad durch einen organisatorischen Ablauf erzwungen werden“ kann[295]. Inzwischen ist die *Peer*

293 Das RoKoKo-Verfahren lässt sich auch mit der amerikanischen Interessentheorie begründen, denn es dient dem Interesse des Konzernabschlussprüfers.

294 *Härmer*, Die Nabelschau als Wesensmerkmal der Selbstverwaltung freier Berufe, Hamburg 1998.

295 Niehus, Prüfung der Prüfer durch die Prüfer, WPg 1985, S. 299.

Review bei Wirtschaftsprüfern zwar als störend, aber doch als hoffähig akzeptiert worden[296].

Damit die noble Nachschau durch Berufskollegen für die berufsfremde Welt glaubwürdig wird, wurde ein Qualitätskontrollbeirat (QuaKo) bei der WPK eingerichtet, der sich aus berufsfremden Personen zusammensetzte. In 2005 ist mit dem Abschlussprüferaufsichtsgesetz (APAG) anstelle des QuaKo die mit weiteren Kompetenzen ausgestattete Abschlussprüferaufsichtskommission (APAK) getreten, die inzwischen dank zusätzlicher Rechte zur Abschlussprüfungsaufsichtsstelle (APAS) avancierte.

2.3 Der Prüfungsbericht

Dem Wirtschaftsprüfer liegt die schriftliche Äußerung mehr als die mündliche Kommunikation, von der er befürchtet, sie könnte in eine banale Konversation unvorhersehbaren Niveaus oder Umfangs ausarten. Bei der Abschlussprüfung ist das wichtigste Verständigungsmittel der Prüfungsbericht. Seiner Wertschätzung entsprechend beansprucht die Erstellung des Prüfungsberichts etwa 89,6 % der Prüfungsdauer, was Sorgfalt und Fleiß seiner Anfertigung unterstreicht.

2.3.1 Anforderungen an den Prüfungsbericht

Nach § 321 HGB hat der Abschlussprüfer über das Ergebnis seiner Prüfung schriftlich und mit der gebotenen **Klarheit** zu berichten. Daraus wird deutlich, dass die richtige Interpunktion ein wesentliches Gestaltungselement des Prüfungsberichtes ist. Man denke in diesem Zusammenhang beispielsweise an die richtige Platzierung von Nullen und Kommata. Wegen des Grundsatzes der Berichtswahrheit kann auf die präzise Angabe des Bilanzstichtages (Tag, Monat, Jahr) und des Datums des Bestätigungsvermerks nicht verzichtet werden.

Der Gesetzgeber erhofft sich eine problemorientierte Darstellung im Prüfungsbericht[297]. Kritische Sachverhalte müssen durch umständliche Formulierungen hervorgehoben werden, damit der Berichtsleser sie mindestens zweimal liest, ehe er darüber hinweggeht.

296 Niehus, Peer Review in der deutschen Abschlussprüfung, DB 2000, S. 1133 ff.
297 Begründung RegE KonTraG, S. 101.

Die Forderung des Gesetzgebers, den Prüfungsbericht trotz seiner Vertraulichkeit sprachlich so abzufassen, dass er auch von nicht sachverständigen Aufsichtsratsmitgliedern verstanden wird (**Verständlichkeit**), ist unbedacht, da Aufsichtsratsmitglieder von Amts wegen immer sachverständig sind. Merke: Aufsichtsräte müssen den Jahres- oder Konzernabschluss nicht verstehen, sondern verabschieden.

Die Berichterstattung des Abschlussprüfers soll **vollständig** sein. Diesem Grundsatz wird in bewährter Praxis dadurch Rechnung getragen, dass im Prüfungsbericht alle Zahlenzusammenstellungen und Grafiken zusätzlich verbal beschrieben werden. Eine weitergehende Interpretation des Zahlenwerkes würde die Unbefangenheit des Abschlussprüfers und die Geduld der Berichtsadressaten zu sehr strapazieren.

Durch strikte Anlehnung an den Vorjahresbericht soll die Einheitlichkeit der Berichterstattung gewahrt werden, zumal durch regelmäßige Rekapitulation das Verständnis und Wissen der Berichtsleser steigen. Dieser Anforderung trägt der Abschlussprüfer durch seine hoch entwickelte Kopierkunst für die Berichterstellung Rechnung (siehe Kapitel D 2.3.4).

2.3.2 Der Bericht als sprachliches Kunstwerk[298]

Von einem Prüfungsbericht kann bereits dann gesprochen werden, wenn zahlenmäßige und verbale Angaben, die einen gewissen Zusammenhang zu Prüfungsgegenstand und -ergebnis ahnen lassen, mindestens drei DIN-A-4-Seiten umfassen und mit der Unterschrift des Prüfers versehen werden. Für den hoch qualifizierten Wirtschaftsprüfer versteht es sich von selbst, dass eine solche spärliche Ausführung der Bedeutung seiner Arbeit kaum gerecht werden kann. Der übliche Prüfungsbericht ist wesentlich länger, weil ihm das ein größeres Gewicht verleiht.

Der in Deutschland traditionelle Bericht über die Abschlussprüfung[299] zeichnet sich insbesondere dadurch aus, dass sein verbaler Teil über-

298 Grundlegend *Hakelmacher*, Der Prüfungsbericht als sprachliches Kunstwerk, WPg 1981, S. 143 ff.

299 Gemeint ist der Prüfungsbericht deutscher Abschlussprüfer, also der so genannte Long-form-Report, der international als eine besondere Errungenschaft deutscher Prüfungskultur zu sehen ist.

wiegend in deutscher Sprache abgefasst wird und mehr als zwanzig DIN-A-4-Seiten füllt. Die verkümmerten Reports angloamerikanischer Abschlussprüfer können damit sprachlich und umfangmäßig nicht mithalten. Dem Wirtschaftsprüfer erscheint schon der Begriff „Kurzbericht" degeneriert und leistungsfeindlich. Er bekennt sich ausdrücklich zum ausführlichen Prüfungsbericht.

Die bahnbrechende Unterscheidung zwischen dem in der angloamerikanischen Praxis üblichen *Short-form-Report* und dem in Deutschland traditionellen *Long-form-Report* geht zurück auf *Blunzenbrenner*[300], der bereits 1968 den Fundamentalsatz über den **Berichtsumfang** formuliert hat: „Der Umfang des Prüfungsberichtes wird von seiner Seitenzahl bestimmt". *Bronsky*[301] hat 1986 folgerichtig ergänzt: „Sein Gewicht hängt von der verwendeten Papierstärke ab". 2011 hat *Butterweich* auf die gewichtige Rolle des Berichtsumschlags aufmerksam gemacht.[302]

Der Prüfungsbericht gilt seit jeher als **Krönung deutscher Prüfungskunst**[303]. Er wird als der konstruktive Teil der Abschlussprüfung und deren monumentale Vollendung angesehen. Er ist unangefochten die ästhetischste Form der Kommunikation zwischen dem Prüfer und seinen exklusiven Adressaten.

Obwohl in letzter Zeit eigenständige Formulierungen des Abschlussprüfers ein erschreckendes Ausmaß anzunehmen drohen, kann der Prüfungsbericht immer noch als sprachliches Kunstwerk von hohem Rang eingeordnet werden. Über Generationen wurde und wird der Prüfungsbericht von Jahr zu Jahr fortgeschrieben; lediglich die unvermeidbare Gegenwartsbezogenheit, wie der aktuelle Abschlussstichtag, wird berücksichtigt.

Der traditionsverbundene Berichtsschreiber hat es stets verstanden, sich veränderten Tatsachen behutsam zu nähern und der Sucht nach Neuigkeiten zu widerstehen. Die über Jahrzehnte gefestigte Berichtst-

[300] Quantitätsmerkmale von Berichten unter Zugrundelegung der Mengenlehre, Frankfurt 1968, S. 32.
[301] Quantensprünge im Berichtswesen, Heidelberg 1986, S. 124.
[302] Die Deckelung des Prüfungsberichts, Hamburg 2011.
[303] *Mutscheider*, Kulminationspunkte der Abschlussprüfung, 2. Auflage, Frankfurt 1982.

radition ermöglicht es, über prekäre Erkenntnisse in verträglicher Dosierung zu berichten und die Abschrift der Konteninhalte des geprüften Unternehmens als Urform des deutschen Prüfungsberichtes wenigstens in Form eines Berichtsanhangs zu bewahren.

Die voreilige Kritik an der **Maßgeblichkeit des Vorjahresberichtes** hält einer strengen Überprüfung nicht stand. Warum sollte man geglückte Formulierungen durch andere ersetzen? Die majestätischen Formulierungen des Abschlussprüfers prägen sich bei ständiger Wiederholung nachhaltiger ein und werden in ihrem Inhalt weniger angezweifelt. Hinzu kommt, dass die Aufsichtsratsmitglieder als Hauptadressaten des Berichtes meist in einem Alter sind, in dem man sich freut, wenn man Bekanntes wiedererkennt. Ein vom Vorjahr abweichender Inhalt könnte beim Berichtsleser schwer steuerbare Spekulationen auslösen.

Ein guter Prüfungsbericht besticht durch die **Monotonie** seines Inhalts. Ein Bruch in der Darstellung, wie er durch das KonTraG und verschärfend durch das BilReG ausgelöst worden ist, musste daher auf Verfasser und Adressaten wie ein Schock wirken. Es spricht für die Anpassungsfähigkeit der Wirtschaftsprüfer, dass sie den geänderten Wortlaut der §§ 321 und 322 HGB ohne nennenswerte Komplikationen in ihren Prüfungsberichten verarbeitet haben, sodass die Adressaten von den Veränderungen wenig gemerkt haben.

Die rasant vorangetriebene Internationalisierung der Rechnungslegung gefährdet den Prüfungsbericht als ureigenes deutsches Kulturgut. Auch die **Bedrohung** durch zunehmende Ausgliederungen in einen Berichtsanhang darf nicht unterschätzt werden. Glanzpunkte des Prüfungsberichts dürfen nicht schamlos in den Anhang verlagert werden, auch wenn sie obligatorischer Bestandteil des Abschlusses geworden sind. So z. B. die Kapitalflussrechnung, die vor Inkrafttreten des KonTraG ein rätselhaftes Highlight des deutschen Prüfungsberichtes war.

Um das wertvolle Kulturerbe des deutschen Prüfungsberichtes vor dem Verfall zu bewahren, sind **neue Ideen** gefragt. Immerhin sorgt die ausführliche Inhaltsbeschreibung des § 321 HGB für einen ansehnlichen Berichtsumfang. Im Übrigen bietet die unbegrenzte Aufnahme finanzieller und vor allem nicht-finanzieller Leistungsindikatoren reichlich Erweiterungsmöglichkeiten.

Hinzukommen neue Berichtspflichten der Unternehmen (Nachhaltigkeits-, Vergütungs- oder Zahlungsbericht), deren Prüfung durch den Abschlussprüfer vorsichtig vorangetrieben wird. Ihre literarische Ausschmückung kann noch nicht hinreichend beurteilt werden, doch ist auch hier vom Wirtschaftsprüfer Großartiges zu erwarten.

Da die im Prüfungsbericht anzugebenden Zahlen durch Buchführung und Abschluss präjudiziert sind, ist der schöpferisch veranlagte Abschlussprüfer auf den prosaischen Teil des Berichtes verwiesen. Dieser soll sich nach herrschender Berufsauffassung auf den geprüften Abschluss und Lagebericht sowie auf die Tätigkeit des Abschlussprüfers beziehen und die Berichtskontinuität beachten. Da auch der Wortlaut des Testats[304] weitgehend vorgegeben ist, verbleibt als größter **Gestaltungsspielraum** das Siegel und die Unterschrift des Abschlussprüfers.

Die Schwierigkeiten einer **wissenschaftlichen Analyse** der Prüfungsberichte werden deutlich, wenn man sich die Voraussetzungen für eine wissenschaftliche Textanalyse vergegenwärtigt[305]: Der Text, der erforscht werden soll, muss als zuverlässig gelten. Ferner ist wichtig, dass der Autor möglichst eindeutig feststeht. Schließlich ist die Zeit der Abfassung des Textes relevant. Kann ein professioneller Prüfungsbericht diesen Anforderungen überhaupt gerecht werden?

Die Zuverlässigkeit des Prüfungsberichtes soll durch Berufsrecht und -tradition gewährleistet werden. Zweifel sind erlaubt, wenn kurze Zeit nach Vorlage des Prüfungsberichtes und eines uneingeschränkten Bestätigungsvermerks die unerkannte Insolvenz des geprüften Unternehmens eingeläutet wird.

Die Identität des Autors ist bei Prüfungsberichten schwer zu verifizieren, weil nicht kenntlich gemacht wird, wie und wo der Vorstand des geprüften Unternehmens in den Berichtstext eingegriffen hat.

304 § 322 HGB; *IDW*, Prüfungsstandard PS 400, IDW-Fachnachrichten 1999, S. 335.
305 *Kayser*, Das sprachliche Kunstwerk, 5. Auflage, München 1959, S. 27 ff.

Wegen der hohen Kopierkunst der Berichtsschreiber (Kapitel D 2.3.4) ist auch die Zeit der Textierung als dritte Voraussetzung für eine genaue Textanalyse häufig nicht einwandfrei zu belegen. Obwohl der Prüfungsbericht unter einem bestimmten Datum abgefasst wird, enthält er in aller Regel wesentlich ältere Textstellen. Hier kann die Umstellung auf eine neue Rechtschreibung oder die Verwendung zeitgemäßer Ausdrücke grobe Hinweise geben. Etwas präziser sind Hinweise auf die aktuelle Version angewandter Rechnungslegungsstandards, deren Erstanwendung allerdings oft flexibel geregelt ist.

2.3.3 Berichtsstilforschung

Wie bei anderen literarischen Werken vertieft die Stilforschung das Verständnis des Prüfungsberichtes. Sie „erfasst das Funktionieren der sprachlichen Mittel als Ausdruck einer Haltung“[306]. Die unterschiedlichen Ausprägungen der Berufsausübung finden in unterschiedlichen Berichtsstilen ihren entlarvenden, nicht selten vernebelten Niederschlag. Durch intensive Forschungsarbeit konnten u.a. folgende Stilrichtungen identifiziert werden[307].

Der **gotische Berichtsstil** zeichnet sich durch eine überspitzte Sprache aus, z.B.: „Die starke wirtschaftliche Stellung des Unternehmens wird dadurch unterstrichen, dass das Eigenkapital selbst nach Abzug des Nennkapitals und der offenen und stillen Rücklagen als Aktivum ausgewiesen wird“. Hier bringt der Abschlussprüfer zugespitzt zum Ausdruck, dass er an nachfolgenden Prüfungsaufträgen sehr interessiert ist.

Als markantes Beispiel für den **barocken Berichtsstil** sei genannt: „Ein nicht geringer Teil der in hervorragend gepflegten Lagerstätten beheimateten Vorräte wurde während des für das Unternehmen glücklich verlaufenden Berichtsjahres körperlich erfasst. Die allseits geschätzten Inventurunterlagen werden nach Abschluss unserer verantwortungsvollen Tätigkeit von fleißigen Mitarbeitern der Gesellschaft in bewährter Weise vervollständigt“. Hiermit wird dem Berichtsleser der Hang des soliden Abschlussprüfers zum Detail eindrucksvoll vor Augen geführt.

[306] *Kayser*, Das sprachliche Kunstwerk, 5. Auflage, München 1959, S. 300.
[307] *Von der Socke*, Berichtsstil gestern und heute, München 1974, Ergänzungsband 1997.

Der **romantisch-empfindsame Berichtsstil** führt zu Aussagen wie „Auf eine Prüfung des Kassenbestandes wurde verzichtet, nachdem – vor allem vom Kassierer und unter Tränen – bereits kurz nach Prüfungsbeginn verschiedene, angabegemäß geringfügige Unterschlagungen zugegeben worden sind. Sie dürften sich nach unseren Erfahrungen im Rahmen der üblichen, im Einzelnen nicht näher bekannten Fehlbeträge halten". Das hier dokumentierte Einfühlungsvermögen des angeblich hartgesottenen, aber in Wahrheit sensiblen Abschlussprüfers sollte jeden Berichtsleser rühren.

Der **nüchterne Berichtsstil** lässt den jeder Gefühlsduselei abholden Abschlussprüfer erkennen. Er äußert sich in Ausführungen wie „Die Bücher sind ordentlich und sauber geführt. Gelegentliche Radierungen wurden mit großer Sorgfalt gehandhabt. Dadurch konnte die Anzahl der Luftbuchungen wesentlich verringert werden". Hier besticht die klare Sprache jeden nachdenklichen Adressaten.

Der betriebswirtschaftlich geschulte Abschlussprüfer unterliegt immer wieder der Versuchung, das ihm verbliebene Fachwissen im Prüfungsbericht durchscheinen zu lassen. Als leuchtendes Beispiel für den **wissenschaftlichen Berichtsstil** sei zitiert: „Zur Liquidität des Unternehmens berichten wir, dass diese während des Berichtsjahres vom Zahlungseingang und von den Auszahlungen maßgeblich beeinflusst gewesen sein dürfte". Selbst kritisch eingestellten Berichtsempfängern wird es schwerfallen, diese Prüferaussage fachlich anzugreifen.

Der alternative **Jugendstil**[308], z.B. „Die geile Inventuraktion war eine totale Abschnalle" oder „Das Belegwesen ist hipp" hat sich auch in Kreisen progressiver Jungprüfer nicht durchgesetzt. Solche Formulierungen, die den bisher gepflegten Berichtsstil vergewaltigen würden, werden vor allem durch die erwähnte Kopierkunst verhindert.

Der **internationale Stil** zeichnet sich durch Patchwork-Formulierungen aus: „Der *Impairment*-Test führte in Anwendung der Standardinterpretation „X for U" dazu, dass der nach der *Purchase*-Methode un-

308 Vgl. *Freaker*, Alternative Formulierungen für eine verkorkste Gesellschaft, Hamburg 1971.

vermeidbare Goodwill in einem „*Percentage of Completion Approach*“ durch die „*Pooling of Interest-Methode*“ eliminiert wurde“. Wer bei solch klaren Ausführungen noch von Grundsätzen ordnungsmäßiger Buchführung träumt, dem wird bald nicht mehr zu helfen sein.

Während über Berichtsumfang und Berichtsinhalt mit dem geprüften Unternehmen durchaus verhandelt werden kann, sollte der selbstbewusste Abschlussprüfer in Fragen seines persönlichen Berichtsstils keine Kompromisse eingehen.

2.3.4 Die Berichterstellung

Der Prüfungsbericht des Abschlussprüfers entsteht in mehreren Schritten zunehmender Vollendung. Die übliche Arbeitsteilung eines Prüferteams ist wie folgt.

Die Herstellung der Urfassung des Prüfungsberichtes obliegt üblicherweise dem **Prüfungsassistenten**. Er muss den vorjährigen Prüfungsbericht mit minimalen Änderungen zu einem aktuellen Berichtsentwurf modifizieren. Gegenüber der seit Mitte der 60er Jahre entwickelten Manipeltechnik[309], die vor allem die handwerkliche Beherrschung von Schere und Klebstoff verlangte, bietet die elektronische Textverarbeitung wesentlich mehr und sicherere Kopiermöglichkeiten.

Der **Prüfungsleiter** ist für Anzahl und Ort der im Text zu verwendenden Satzzeichen verantwortlich. Besondere Bedeutung kommt dabei den Kommata zu. Eine große Herausforderung ist die Einführung einer geänderten Rechtschreibung. Sie wurde bei der bei der Neuregelung von „ss“ und „ß“ bravourös gemeistert. Die damit ermöglichte Bereicherung der Prüfungsberichte wird jedem deutlich, der sich die häufige Verwendung des Wortbestandteils „Abschluss“ vor Augen führt.

Der in Teamarbeit verfasste Berichtsentwurf ist Hauptgegenstand der sog. Schlussbesprechung mit dem **Vorstand** des geprüften Unternehmens. Sinn der Schlussbesprechung ist es, durch mehr oder weniger massive Anregungen des Vorstands etwaige Auffälligkeiten oder Rei-

309 Zu den Einzelheiten dieser Handwerkkunst siehe *Hakelmacher*, Vom Teen-Ager zum Man-Ager, 2. Auflage, Wiesbaden 1996, S. 187.

bungsflächen des Berichtstextes so zu glätten, dass die Berichterstattung keine Verletzungen hervorrufen kann. Der Berichtswissenschaftler spricht von „ausgefeilten Formulierungen“[310].

Der so geläuterte Prüfungsbericht unterliegt danach noch der WP-eigenen Berichtskritik und Fertigkontrolle. Ihre Mitarbeiter müssen vor der Unterschrift unter den erlösenden Bestätigungsvermerk die aussagearme Eleganz der Berichterstattung angemessen aufpolieren und eine weitgehend fehlerfreie Aufzählung und Rechtschreibung sicherstellen.

2.3.5 Zweck und Inhalt

Der Prüfungsbericht stellt eine streng vertrauliche „berufliche Äußerung des Abschlussprüfers“ dar und ist dennoch jedem Aufsichtsratsmitglied zugänglich zu machen. Obwohl sein Informationsgehalt wegen fürsorglicher Abwägung der unterschiedlichen Interessenlagen der Berichtsempfänger gegen Null tendiert, soll er dem Aufsichtsrat die Gutgläubigkeit in Bezug auf die Lage des Unternehmens nehmen.

Der Prüfungsbericht gilt seit Urzeiten als **Pflichtlektüre für Aufsichtsratsmitglieder**, die aber wegen chronischen Zeitmangels selten stattfindet. Er ist Leitfaden für den Aufsichtsrat bei seiner eigenen Abschlussprüfung, die nicht wenige Aufsichtsratsmitglieder mit der Entgegennahme des Berichtes und seiner sicheren Verwahrung als erledigt ansehen.

Aus Versehen, Routine oder aus Pflichtgefühl wird der Bericht des Abschlussprüfers häufig als potenzielle Reiselektüre zur Bilanzsitzung mitgenommen. Wenn er nicht aus Versehen bei der Hinfahrt liegen geblieben ist, wird das gewichtsbewusste Aufsichtsratsmitglied sein ungelesenes Exemplar vor der Abreise einem vertrauenswürdigen Unternehmensangehörigen (z.B. Buchhalter oder Pförtner) zur Aufbewahrung übergeben.

Aus der **Sicht des Abschlussprüfers** besteht die vornehmste Aufgabe des Prüfungsberichtes darin, etwaigen Regressansprüchen von Adressaten vorzubeugen. Ggf. ist der uneingeschränkte Bestätigungsvermerk zu relativieren bzw. das selten eingeschränkte Testat zu entschuldigen.

[310] *Pieselmeier*, Glättung durch geschliffene Berichtskritik, München 1972, S. 433.

Weitere Entlastungsmaterialien werden vom Abschlussprüfer in der Prüferakte oder als sogenannte Arbeitsunterlagen gesammelt.

Seit Urzeiten zerfällt der Bericht des Abschlussprüfers in den unvermeidlichen Hauptbericht und den informativen Berichtsanhang[311]. Der Berichtsanhang war als Nachschlagewerk für die Mitarbeiter des Rechnungswesens konzipiert und rechtfertigte durch sein Volumen die sonst schwer vermittelbare Höhe des Prüfungshonorars. Ansonsten dienen Inhalt und Umfang des Berichtsanhangs dazu, den Prüfungsbericht von wesentlichen Erläuterungen zu entlasten, die die Leselust der Adressaten über die Negierung der Berichterstattung hinaus gedämpft hätten.

Der Prüfungsbericht gliedert sich in Vorder-, Mittel- und Hinterteil.

In dem **kritischen Vorderteil** ringt der Abschlussprüfer um eine möglichst unverbindliche Würdigung der Lagebeurteilung durch den Vorstand, namentlich hinsichtlich Fortführung und künftiger Entwicklung des Unternehmens. Außerdem ist auf etwaige Unrichtigkeiten oder Verstöße gegen Gesetz und Satzung einzugehen, die der Abschlussprüfer trotz trüber Sicht nicht übersehen konnte. Unvermeidbare Hinweise auf Mängel oder Krisenerscheinungen sind mit Zurückhaltung und Einfühlungsvermögen zu formulieren.

Der **Mittelteil** enthält das literarische Oeuvre des Abschlussprüfers, soweit es die Eingriffe des Vorstands überlebt hat. Hier kann der Abschlussprüfer sein Stilempfinden und seine Fabulierkunst an den einzelnen Abschlussposten und -bemerkungen ausleben, solange die Undeutlichkeit kritischer Aussagen nicht leidet.

Der **Hinterteil** des Prüfungsberichtes wird von dem unvermeidlichen Bestätigungsvermerk oder von den Gründen seiner Einschränkung oder Versagung ausgefüllt.

311 Vgl. *Klockow*, Zweck und Bedeutung des Anhangs im stochastischen Vergleich zum Hauptbericht, München 1959.

2.3.6 Lesbarkeit und Interpretation der Berichte

Außenseiter behaupten, dass vor allem das Prüferlatein die Verständlichkeit der Prüfungsberichte behindert, sodass die Leseabstinenz der Berichtsempfänger vom Abschlussprüfer verschuldet sei. Solchen berufsschädlichen Unterstellungen ist entgegenzuhalten, dass das Prüferlatein meist englisch und – wie gleich gezeigt wird – halbwegs gesicherten Interpretationen zugänglich ist[312].

Im Übrigen erlauben die gleichbleibende Gliederung sowie die schon erwähnte Textkontinuität der Prüfungsberichte ihrem Inhalt zu folgen, wie z. B. katholische Gläubige den Ablauf und Inhalt einer Messe verstehen, obwohl sie der lateinischen Sprache nicht mächtig sind.

Folgende Beispiele belegen die einfache **Auslegung der Berichtstexte**: „Die Wertberichtigungen sind knapp bemessen" heißt im Klartext: „Die Wertberichtigungen sind nicht ausreichend". „Die Rückstellungen sind insgesamt ausreichend angesetzt" besagt eindeutig: „Einzelne Rückstellungen sind entweder gar nicht passiviert oder zu niedrig bewertet worden". „Der Wertansatz ist vertretbar" meint überzeugend: „Ich habe den Wertansatz unter Zähneknirschen akzeptiert".

Formulierungen wie„.. dürften zulässig sein" sind der unmissverständliche Ausdruck für: „Ich habe erhebliche Zweifel". Der Hinweis „in Anlehnung an den Kommentar XYZ" will mit aller Deutlichkeit sagen: „Ich bin ganz anderer Meinung und bezweifle, dass der Sachverhalt überhaupt unter die zitierte Kommentierung subsumiert werden kann".

312 Vgl. *Hakelmacher*, ABC der Finanzen und Bilanzen, 3. Auflage, Köln 1997, S. 48 und S. 157.

3 Das Beratungsgeschäft

3.1 Die Steuerberatung

3.1.1 Gegenstand

Zu den beruflichen Vorbehaltsaufgaben der Wirtschaftsprüfer zählt die unbeschränkte (geschäftsmäßige) Hilfeleistung in Steuersachen, also die Steuerberatung[313]. Sie erweist sich unverändert als dynamisch wachsender Beratungssektor. Fast täglich schaffen Gesetzgebung, Rechtsprechung und Erlasse der Finanzverwaltung überraschende Neuigkeiten, die die bisherige Rechts- und Sachlage alt aussehen lassen und ihre Opfer beratungsreif machen. Da die Legisleptiker[314] bemüht sind, auch den letzten Anschein von Systematik aus dem Steuerrecht zu tilgen, sind die Chancen für eine erntereiche Steuerberatung bodenlos.

Auf der nach oben offenen Unfugskala dürfte das deutsche Steuerrecht einen Spitzenplatz besetzen. Die wiederholten Manipulationen an den Steuersätzen, das Öffnen von neuen und das gleichzeitige Verstopfen von alten Steuerschlupflöchern sowie die Komplexität und Unübersichtlichkeit der Regelungen rechtfertigen diese wohlwollende Einschätzung. Die Höhe der steuerlichen Belastung in Deutschland braucht keinen internationalen Vergleich zu scheuen. Bildlich gesprochen gleicht das Empire-State-Building nach der Besteuerung dem Berliner Funkturm.

Der Steuerberater ist bestrebt, die Steuerbelastung seines Mandanten zu minimieren oder zeitlich hinauszuschiebe. Er soll und will helfen, dass nicht jede wirtschaftlich vernünftige Entscheidung als steuerliches Desaster endet. Steuerberatung ist fiskalisch geduldete Überlebenshilfe für den Steuerpflichtigen. Sie soll den Steuerzahler vor dem Aussterben bewahren, denn ohne Steuerzahler gibt es keine Steuereinnahmen. Daher sind die Kosten der Steuerberatung steuerlich abzugsfähig.

313 *IDW* (Hrsg.), WP-Handbuch 2006, Düsseldorf, A 25 f.

314 *Schröter/Kahlemann*, Gesetzgebung im ausgehenden 20. Jahrhundert, 2. Auflage, Berlin 2002.

3.1.2 Die Neidlinien der Steuerpolitik

Die Neidlinien der Steuerpolitik sind auf die tributäre Auszehrung der sog. Besserverdienenden gerichtet. Besserverdienende sind jene Steuerpflichtige, die an sich Besseres verdienen, weil sie die Tragsäulen der Wirtschaft darstellen. Damit dies weniger auffällt, lautet der neue Terminus invidius schlicht „Reiche". Sie sollen durch eine Reichensteuer als *Taxcows* gemolken werden, weil nach der auf Selbstverwirklichung reduzierten Vorstellungskraft sozialistisch angehauchter Säulenheiliger jeglicher Reichtum ohne eigenen Fleiß entsteht und daher durch Umverteilung vernichtet werden muss.

Zum besseren Verständnis der Steuerpolitiker und Steuerbehörden muss man sich zwei **fiskalpolitische Grundsätze**[315] vergegenwärtigen:

1. Alles ist besteuerbar, was Natur und Zivilisation hervorbringen.
2. Wenn im Zweifel, erhebe Steuern; wenn immer noch im Zweifel, verdoppele sie.

Daraus ergibt sich als Handlungsmaxime für den Steuerpflichtigen: Versteure nicht erst morgen, was heute schon besteuert wird. Morgen wird es teurer. Das gilt insbesondere für die Erbschaftssteuer.

Im Zusammenhang zunehmender Steuerstrangulierung darf der wachsende Hang zur **Steuerflucht** nicht unterschätzt werden. Die Verlegung des ständigen Aufenthaltsortes ins Ausland gilt seit langer Zeit als sicherste Methode des „Sich-der-Steuer-Entziehens"[316].

Als ältester Steuerflüchtling im deutschsprachigen Raum gilt nach neuen glazialarchäologischen Erkenntnissen ein Alpenwanderer, dessen Mumie im September 1991 im Oetztal gefunden wurde[317]. Die Gletschermumie, medienwirksam **„Oetzi"** genannt, befand sich auf der Steuerflucht, wie sich zweifelsfrei aus den bei ihr vermissten Gegenständen ableiten lässt. Trotz intensiver Suche konnten weder Reisepass,

[315] *Hakelmacher*, Hakelmachers ABC der Finanzen und Bilanzen, 2. Auflage, Köln 1997, S. 86.
[316] *Parkinson*, Parkinsons neues Gesetz, Reinbek 1993, S. 73.
[317] Knöchelverzeichnis 91/0/XI der Universität Innsbruck.

Zahnstocher und Schneebrille noch Kompass oder Höhenmessgerät gefunden werden[318].

Der Oetzi hat vor 5000 Jahren versucht, sich den Steuereintreibern zu entziehen und ist dabei im Interesse der Wissenschaft auf halber Strecke und unterhalb eines Gletschers liegengeblieben. Er hat viele Nachfolger gefunden, die mehr Glück hatten und den Weg bis zum Ende gegangen sind.

Mit dem christlichen Gebot „Gebt dem Kaiser, was des Kaisers ist", das dem Oetzi nicht bekannt war, aber auch christliche Steuerpflichtige nicht von der Steuerflucht abgehalten hat, wird nicht nur der unersättliche Anspruch des Fiskus gerechtfertigt, sondern nach Ansicht von Finanzrichtern auch die Durchschaubarkeit der steuerlichen Rechtsprechung genügend belegt. Wenn heute vom „Zehnten" die Rede ist, weiß jeder, dass nicht die Steuern und Abgaben gemeint sind, sondern der Rest an Reichtum, der dem Steuerpflichtigen nach Abzug der Steuern verbleibt. Steuergerechtigkeit bedeutet die gleiche Unzufriedenheit aller Steuerpflichtigen mit dem versteuerten Restbetrag.

Darüber hinaus bildet der **Grundsatz der Etatdominanz** eine fundamentale Grundlage nicht nur für Richtlinien und Erlasse der Finanzverwaltung, sondern auch für die steuerliche Gesetzgebung und Rechtsprechung. Hiernach wird der Inhalt von Vorschriften und Anweisungen, aber auch der Urteilstenor der Finanzgerichte von der Haushaltslage der öffentlichen Hand maßgeblich bestimmt. Der Grundsatz verlangt, dass die Steuereinnahmen mindestens die stets steigenden Staatsausgaben und ein etwaiges Haushaltsdefizit decken müssen. Die Konjunkturabhängigkeit der Steuereinnahmen und unerwartete Mehrausgaben bieten genügend Spielraum, um keine Gradlinigkeit der Rechtsprechung aufkommen zu lasen.

Damit die Steuereinnahmen per Saldo nicht absinken, müssen versiegende Steuerquellen durch neue ersetzt werden, die möglichst noch kräftiger sprudeln. Wenn die Rechtsprechung die Einhaltung der ge-

318 *Howard,* The Iceman as the lost Taxpayer – Critical Obeservations at the Institue for Forensic Medicine, Innsbruck, Glacier Jouirnal, London 1993, Vol. 12.

nannten Grundsätze wegen eindeutiger Rechtslage nicht durchhalten kann, fühlt sich der Gesetzgeber herausgefordert.

Um die totale fiskalische Auszehrung der Steuerpflichtigen zu vermeiden, vielleicht aber auch bedingt durch ein gesundes Rechtsempfinden, das der Oetzi mit seinem tragischen Ende hervorgerufen hat, hat das Bundesverfassungsgericht den sog. **Halbteilungsgrundsatz** aufgestellt. Danach soll die steuerliche Gesamtbelastung in der Nähe einer hälftigen Teilung zwischen privater und öffentlicher Hand liegen[319]. Inzwischen hat der Grundsatz der Etatdominanz zu einer höchst bedenklichen Relativierung des Halbteilungsgrundsatzes geführt.

Ein wichtiger Grundsatz ist der Gegensatz. Der Kontrasttheorie zufolge[320], entscheidet der Bundesfinanzhof (BFH) in unbeständiger Rechtsprechung konträr zum Bundesverfassungsgericht. Der BFH lehnt den Halbteilungsgrundsatz für die Steuern vom Einkommen ab[321], sodass der schlechte Zustand der Steuerpflichtigen nicht gefährdet ist.

3.1.3 Steuerreformen

Der Wirrwarr durch neue steuerliche Vorschriften und Rechtsprechung, fördert die Spezialisierung der Steuerberatung. Daher wird bei passenden Gelegenheiten, z. B. bei Parlamentswahlen, von interessierten Kreisen (Regierung, Opposition, Bund der Steuerzahler u. A.) die Forderung nach einer Steuerreform laut. Es werden sogar Hoffnungen auf Steuersenkungen und eine Vereinfachung des Steuerrechts geschürt. Die Mehrheit der Wähler soll zu Lasten der Wählerminderheit geschont oder begrünstigt werden.

Da eine Steuerreform die bestehenden Privilegien und Besitzstände auf keinen Fall in Frage stellen darf, sind Steuerreformen Ankündigungen von Wundern, die nie stattfinden. Da Einsparungen bei den Staatsausgaben für Regierende kaum vorstellbar und auch von der Opposition letzt-

---

319 BVerfG 93, 121.

320 Diese Theorie geht zurück auf die Uneinigkeit der Steuereintreiber während der Gegenreformation. Siehe dazu *Cervus*, Ius in contrario, Nördlingen 1546; *Crampus*, Fiscus in cumulus, Bamberg 1552.

321 *Hertzlog*, Die Kachexie der Steuerzahler als staatsgefährdende Krankheit, Köln 1998.

lich nicht gewünscht sind, kann eine Steuerreform nur die Erschließung neuer Steuerquellen oder eine Umverteilung von Ein- und Auskommen der Steuerbürger zum Inhalt haben. Auch bei leeren Staatskassen wird bei den Ausgaben in die Vollen gegangen.

Eine denkbare Steuervereinfachung scheitert im Übrigen an dem „nezessiven Konfusionsausgleich“, der seit jeher dem indogermanischen Fiskalrecht systemimmanent ist. Er sorgt dafür, dass bei Rechtsänderungen die Verwirrung der Steuerpflichtigen nicht unter das gewohnte Niveau sinkt. Damit dient er zugleich der Existenzsicherung von Finanzbeamten und -richtern sowie der steuerberatenden Berufe.

Die Verwirrung beginnt bereits mit der Bezeichnung der neuen Gesetze. Es wäre fatal, von einem „Steuerentlastungsgesetz 20..“ eine Steuerentlastung zu erwarten. Bei Steuerentlastungen geht es immer nur um Umschichtungen. Wenn der Steuersatz abgesenkt wird, wird gleichzeitig die Bemessungsgrundlage drastisch erweitert oder umgekehrt. Die Steuereinnahmen müssen an die ständig steigenden Ausgaben der öffentlichen Haushalte angepasst werden.

3.1.4 Bilanzsteuerrecht

Das Bilanzsteuerrecht ist eine Domäne der Steuerjuristen und Steuerprüfer. Da sich viele Steuerrechtler mit der Handelsbilanz wenig auskennen, ist der Grundsatz der Maßgeblichkeit der Handelsbilanz für die Steuerbilanz umgekehrt worden. Für die meisten Wirtschaftsprüfer steht das Bilanzsteuerrecht im Mittelpunkt ihrer steuerberatenden Tätigkeit. Viele glauben immer noch an die Maßgeblichkeit der Handelsbilanz, obwohl sich das Bilanzsteuerrecht immer weniger um die Grundsätze ordnungsmäßiger Buchführung schert und sogar Rückstellungen für drohende Verluste nicht anerkennt.

Der Fiskus will damit das sonst schwindende Steueraufkommen retten, zumal das handelsrechtliche Bilanzrecht bis zur Einführung internationaler Rechnungslegungsgrundsätze das Vorsichtsprinzip zu stark strapazierte. Infolgedessen ähnelt das immer noch geltende Maßgeblichkeitsprinzip immer mehr einem löcherigen Käse, der trotz Schimmelbefalls aus sentimentalen Gründen aufbewahrt wird, obwohl er gegen den Himmel stinkt[322].

3.1.5 Moderne Steuerberatung

Auf die Steuerberatung als zukunftssichere Tätigkeit kann der Wirtschaftsprüfer zur Vollauslastung seines Betriebs nicht verzichten, auch wenn in der ambulanten Steuerberatung die Bäume nicht in den Himmel wachsen. Der jährlichen Beratungszeit ist mit 365 Tagen eine natürliche Grenze gesetzt. Auf der anderen Seite öffnen sich für Wirtschaftsprüfer, die sich in die fiskalische Mystik versenken können, bis ins Jenseits reichende Perspektiven.

Moderne Steuerberatung verlangt Fantasie und Kreativität, um extravagante Lösungen zur steuerlichen Optimierung zu finden, mit denen alle Beteiligten endgültig Übersicht und Vermögen verlieren. Die GmbH & Co. KG, die bei der Steuerberatung lange Zeit en vogue war, wirkt heute als naiver Versuch, Steuern zu sparen. Heute bedarf es schon eines „*Dutch-Swiss-Sandwiches*" oder ähnlicher Fastfood-Konstruktionen, um als geniale Steuerberater anerkannt zu werden, weil damit genialer Wahnsinn und lähmender Schrecken verbunden werden.

Die hohe Schule der Steuerberatung wird im Zusammenhang mit Unternehmenserwerben und großen Fusionen gefordert. Wer hier als Experte für voll genommen werden will, muss aus steuerlichen Gründen perverse Strukturen vorschlagen, die gesellschaftsrechtlich kompliziert genug sind, um nicht erkennen zu lassen, dass sie betriebswirtschaftlich keinen Sinn machen. Ein perfektes M&A-Projekt weist als Minimalbestückung zwei Neugründungen, einen *Asset Deal* und einen *Share Deal*, eine Aufspaltung, vier Umwandlungen, davon mindestens eine mit Buchwertfortführung und eine mit Aufstockung, sowie die Schließung eines Teilbetriebs auf.

322 Die Hoffnung, dass wirtschaftlich vernünftige Regeln für die Handelsbilanz auch das steuerliche Bilanzrecht beeinflussen, haben auch Optimisten endgültig begraben.

3.2 Die Unternehmensbewertung[323]

3.2.1 Bedeutung

Viele Wirtschaftsprüfer haben sich damit abgefunden, dass andere Berufsgruppen Aufgaben übernehmen, die ursprünglich ihrem Berufsstand gesetzlich oder vernünftiger Weise vorbehalten waren. Die Aufregung darüber, dass die Vorbehaltsaufgabe der Abschlussprüfung bei kleinen und mittelgroßen Kapitalgesellschaften auch Steuerberatern und Rechtsanwälten überlassen werden kann, kann man noch als gesunden Fanatismus abtun. Untragbar erscheint aber die Vorstellung, dass sich andere Berufsgruppen der höherwertigen Tätigkeiten des Wirtschaftsprüfers bemächtigen wollen, die er als betriebswirtschaftlicher Experte mit einschlägigen Rechen- und Rechtskenntnissen ausübt.

Die betriebswirtschaftliche Bewertung von Unternehmen gilt als die anspruchsvollste und honetteste Berufsaufgabe des Wirtschaftsprüfers. Angesichts des erforderlichen Wissens und Knowhows ist es für den Berufsstand kaum denkbar, dass sich andere Berufsgruppen diese Aufgabe zutrauen. Dennoch befassen sich seit längerer Zeit auffällig oft berufsfremde Personen und Institutionen mit der Unternehmensbewertung.

Dem Verfasser sind Einzelbeispiele bekannt, in denen bei dieser komplexen Aufgabe auf die Hinzuziehung von Wirtschaftsprüfern bedenkenlos verzichtet wurde. Sonst durchaus seriöse Unternehmen unterhalten eigene Stabsabteilungen unter dubiosen Bezeichnungen wie „Unternehmensentwicklung“, die sich ohne Skrupel eigenständig mit der Bewertung von anderen Unternehmen beschäftigen. Dasselbe gilt für gemeine Unternehmensberater, exzentrische Anwaltskanzleien und M&A-Abteilungen undurchsichtiger Finanzinstitute.

Begründet werden diese Entgleisungen damit, dass die Bewertung von Unternehmen strategische Überlegungen beinhaltet, die den verwickeltsten Weg darstellen, um reale Zusammenhänge aufzuzeigen. Des-

[323] Die im Verhältnis zur betriebswirtschaftlichen Anspruchsfülle der Unternehmensbewertung geringe Zahl der Fußnoten in diesem Abschnitt erklärt sich dadurch, dass wegen seiner praktischen Relevanz kein Theoretiker an dem Grundsatz der resultativen Bewertung (siehe unten) Gefallen findet. Siehe dazu auch *Rammlöser*, Praktische Relevanz als Lähmfaktor der wissenschaftlichen Untersuchungen, München 1992.

halb handele es um eine interdisziplinäre Aufgabe, die nicht allein Fachleuten des Finanz- und Rechnungswesens überlassen werden könne.

Obwohl die Wirtschaftsprüfer in den letzten Jahren bemerkenswerte Fortschritte hinsichtlich der angemessenen Nichtbeachtung des Vorsichtsprinzips gemacht haben, muss der Gefahr, dass die Unternehmensbewertung dem Berufsstand völlig entgleitet, mit größerer Entschiedenheit entgegengewirkt werden. Mit der Prüfung von Konzernabschlüssen und des Ausweises des Goodwill rücken Ansätze der Unternehmensbewertung wieder verstärkt in den Gesichtskreis der Abschlussprüfer[324].

3.2.2 Grundlagen

Nachdem sich das Institut der Wirtschaftsprüfer in Bezug auf die Unternehmensbewertung lange Zeit zurückgehalten hat, sind seit 1983 vermehrt Verlautbarungen und Stellungnahmen zur Bewertung von Unternehmen veröffentlicht worden[325]. Das WP-Handbuch 2002[326] widmet der Unternehmensbewertung den ganzen ersten Teil seines zweiten Bandes.

Theoretisch begegnet es heute kaum noch Zweifeln, dass der Wert eines Unternehmens aus seinen **künftigen Zahlungsüberschüssen** abzuleiten ist. Dies ist ein Verdienst der Hochschullehrer für Betriebswirtschaftslehre, deren Erkenntnissen die Praxis mit einiger Verzögerung gefolgt ist. Weite Kreise der Betroffenen haben sich sogar damit abgefunden, dass die künftig zu erwartenden Cashflows auf den Bewertungsstichtag abgezinst werden müssen. Nur die Höhe des Zinssatzes ist weiter umstritten, bis sie durch Gerichtsentscheidung bestimmt wird.

Ein versierter Unternehmensbewerter lässt sich von der Unsicherheit der zukünftigen Unternehmensentwicklung wenig beeindrucken. Er muss nur die Vorhersagen der Geschäftsführung des zu bewertenden

---

[324] Mit Bestürzung musste der Autor zur Kenntnis nehmen, dass im Stichwortverzeichnis des WP-Handbuches 2006 die Begriffe „Impairmentest" oder „Niederstwerttest" nicht auftauchen.

[325] *Institut der Wirtschaftsprüfer*, Hauptfachausschuss HFA 2/1983, WPG 1983, S. 478; ders. HFA 2//1995, FN 1995, S. 309; ders. HFA 6/1997, FN 1998, S. 5; ders., IDW-Standard: Grundsätze zur Durchführung von Unternehmensbewertungen (IDW S 1), WPg 2005, S. 1303 ff.

[326] *IDW* (Hrsg.), WP-Handbuch 2002, Band 2, Düsseldorf 2002.

Unternehmens mit den Erwartungen seines Mandanten so abstimmen, dass der Auftraggeber zufriedengestellt wird.

Am liebsten bringen sich die Wirtschaftsprüfer als neutraler Gutachter für den objektivierten Unternehmenswert ins Gespräch. Häufig dient die Unternehmensbewertung jedoch dazu, den gewollten Kauf oder Verkauf des Zielunternehmens so abzusichern, dass der oder die Auftraggeber nicht regresspflichtig zu werden.

Der Wirtschaftsprüfer hat schon im Zusammenhang mit dem Going-Concern-Prinzip (Kapitel C 1.1.2) die bittere Erfahrung gemacht, dass Prognosen schwierig sind, wenn sie sich auf die Zukunft beziehen. Bei der Unternehmensberatung unterscheidet der Berufsstand **vier Schwierigkeitskomplexe**[327], nämlich

1. die umstrittene Definition der Überschüsse,
2. die Ungewissheiten bei ihrer Prognose,
3. die schwer zu greifende, aber immer angreifbare Höhe des Kapitalisierungszinsfußes sowie
4. die unkalkulierbaren subjektiven Wertvorstellungen der Beteiligten.

Bei so viel Komplexität können Komplexe der Bewerter nicht ausbleiben. Trotzdem will die WP-nahe Literatur nicht eingestehen, dass Art und Ergebnis der Unternehmensbewertung durch den vom Auftraggeber erwarteten Unternehmenswert determiniert werden.

3.2.3 Grundsatz der resultativen Bewertung

Der Grundsatz der resultativen Bewertung beseitigt die oft kritisierte Mehrdeutigkeit der Unternehmensbewertung und reduziert die Bewertungsproblematik darauf, die relevanten Wertvorstellungen des Auftraggebers in Erfahrung zu bringen. Mit dieser Fokussierung lässt sich die seelisch bedrückende Vorstellung, als Bewerter zu versagen, erheblich entschärfen.

[327] *IDW*, WPH 2014, Band 2 A 8.

Anstelle hektischer Analysen des Zahlenwerkes des Ziel-Unternehmens und aufwendiger Markt- und Produktuntersuchungen treten folgende **Fragen** in den Vordergrund:

- Welchen Zweck verfolgt der Auftraggeber mit der Unternehmensbewertung?
- Was bestimmt seine Wertvorstellungen?
- Welchen höhergestellten Personen oder Gremien wird der Auftraggeber das Bewertungsgutachten vorlegen und zu welchem Zeitpunkt?
- Wie können Dritte die Wertvorstellungen des Auftraggebers ändern und abweichende Vorstellungen durchsetzen?
- Welche Auswirkungen können sich durch den zu ermittelnden Unternehmenswert auf die Ziele und Karriere des Auftraggebers ergeben?

Um die vorstehenden Fragen zufriedenstellend beantworten zu können, muss als erstes abgeklärt werden: Wer ist eigentlich der **Auftraggeber**? Im Zweifel ist es der Manager, der die Entscheidung herbeiführen will, die durch das anstehende Bewertungsgutachten begründet werden soll, der aber für die Entscheidung nicht verantwortlich gemacht werden kann, wenn sie sich später als falsch oder nicht (mehr) opportun herausstellen sollte.

Wenn die Auftragsvergabe der Zustimmung oder Genehmigung einer übergeordneten Instanz unterliegt, stellen die schwer abschätzbaren Reaktionen ihrer Mitglieder eine beachtenswerte Imponderabilität dar. Aus den Ausführungen in Kapitel B 1 wird deutlich, dass mit zunehmender Höhe der Führungs- oder Überwachungsebene rationale Überlegungen eine geringere Rolle spielen. Der Blick für wichtige Details schwindet in der höherwertigen globalen Sicht. Insofern sind Einsicht und Durchsicht der oberen Hierarchieebenen schwer zu diagnostizieren.

Hier muss der Bewerter bei der Verkündigung seines Bewertungsergebnisses jeden Informationsvorsprung nutzen, um abweichende Vorstellungen der höheren Instanz zu korrigieren. Dazu sollte im Bewertungsgutachten genügend Entwirrungsmaterial enthalten sein. Hilfreich sind z.B.in epischer Breite erläuterte Nebensächlichkeiten, deren Zusammenhänge durch mathematische Formeln abstrahiert und in zahlreichen Tabellen und Fußnoten verpackt werden.

Knappe und übersichtliche Gutachten wecken den Verdacht, dass der Bewerter von stark simplifizierten Annahmen ausgegangen ist oder die berufsübliche Sorgfalt bei der Ermittlung des Wertkomponenten nicht hat walten lassen.

3.2.4 Entscheidungsrelevante Wertkategorien

Bei der Unternehmensbewertung sind grundsätzlich zwei relevante Wertkategorien zu unterscheiden, nämlich der A- und der R-Wert.

Der sog. **A-Wert** oder Akzeptanzwert ist jener Wert, der die vom Auftraggeber gewünschte Entscheidung unterstützt oder herbeiführt. Er ist infolgedessen im Bewertungsgutachten als angemessener Unternehmenswert zu nennen und muss aus einer plausibel klingenden Vorhersage der künftigen Entwicklung des zu bewertenden Unternehmens[328] abgeleitet werden. Den A-Wert bestimmen primär die maßgeblichen Entscheider mit ihren Visionen, strategische Zielen und Erwartungen positiver Synergien

Die Glaubwürdigkeit des A-Wertes hängt weniger von den zugrunde liegenden Tatbeständen als von dem Erläuterungsgeschick des Bewerters ab. Widersprechende Fakten müssen fachgerecht und unauffällig eingeebnet werden[329]. Die traditionelle Neigung des Berufsstandes zu vorsichtiger Gewissheit darf nicht dazu führen, dass als Basis für die Prognose eine nicht zielführende Vergangenheitsanalyse zitiert wird.

Nach der auf dem A-Wert basierenden Entscheidung leitet sich der **R-Wert** oder Risikowert aus der tatsächlichen, von den Annahmen für den A-Wert meist abweichenden Entwicklung des bewerteten Unternehmens ab. Der R-Wert markiert den Übergang von der Begeisterung für das erworbene Unternehmen zur Phase der Ernüchterung.

Der vor Festlegung des A-Wertes schwer abzuschätzende R-Wert muss in einem professionellen Bewertungsgutachten unauffällig angedeutet werden. Er darf einerseits die Maßgeblichkeit des A-Wertes nicht

328 Finanzanalysten nennen diese Märchen „Equity Story".

329 Die Verfremdung von Geschäftsvorfällen und Transaktionen durch die internationalen Rechnungslegungsgrundsätze bieten hierfür nützliche Anregungen.

schmälern, soll aber andererseits bei Bedarf die kritische Grundhaltung und Voraussicht des Bewerters belegen.

Die Kompatibilität des R-Wertes mit dem A-Wert lässt sich am besten dadurch erreichen, dass für den A-Wert eine großzügig bemessene Schwankungsbreite gewählt und widerspruchsfrei begründet wird. Wichtig ist, dass die Prämissen und Annahmen für beide Werte miteinander hinreichend kompatibel sind und von der Interpretationsbreite und Mehrwertigkeit des A-Wertes gedeckt sind.

Ist der Wirtschaftsprüfer als Schiedsgutachter oder Schiedsrichter bei Unternehmensbewertungen tätig, so stellen Differenzen zwischen A- und R-Wert für ihn kein Problem dar, denn Schiedsgutachter oder Schiedsrichter werden in der Regel erst nach der Fehlentscheidung tätig. Die richterliche Unabhängigkeit dokumentiert sich gerade darin, dass die Bewertungsergebnisse des Schiedsrichters oder Schiedsgutachters für die Parteien unvorhersehbar bleiben.

3.2.5 Folgen

Unabhängig von Zeitaufwand, Informationsmaterial und von der Sorgfalt, die bei der Unternehmensbewertung angewendet wurden, ist bei einem Unternehmenserwerb ein überhöhter Kaufpreis unvermeidbar. Mit anderen Worten: Im Akquisitionsfall ist der A-Wert stets größer als der R-Wert und das aus zwei Gründen.

Die Hauptursache liegt in der Überschätzung von positiven Synergieeffekten, die sich auf Seiten des entschlossenen Erwerbers im Laufe der Kaufpreisverhandlungen verstärkt durchsetzt. Außerdem wird bei der Ermittlung des A-Wertes der künftige Managementeinfluss des Erwerbers auf das erworbene Unternehmen ignoriert, der dessen Gewinn erfahrungsgemäß mehr oder weniger stark beeinträchtigt.

Der engagierte Bewerter wird alles tun, um Unannehmlichkeiten für seinen Auftraggeber zu vermeiden. Er darf sich nicht darauf verlassen, dass bei größeren Fehlentscheidungen jüngere Kollegen des Auftraggebers als Verantwortliche verfügbar sind. Der A-Wert darf infolgedessen nicht zu sehr vom R-Wert abweichen. Hier gilt es, die Friktion irrtümlicher Renditeerwartungen (FIRE) zu vermeiden. Sie berechnet sich nach der **FIRE-Formel** wie folgt:

$$\frac{R - A}{5\,g} \leq \frac{V}{g}$$

g = jährlicher Durchschnittsgewinn der erwerbenden Unternehmen
V = Jahresvergütung des Auftragsgebers

Es gehört zur berufstypischen Tragik, dass der bewertende Wirtschaftsprüfer häufig zugleich der Abschlussprüfer des Käuferunternehmens ist und als solcher auf einen geringeren R-Wert aufmerksam machen und außerplanmäßige Abschreibungen auf den Buchwert der Beteiligung fordern muss. Diese Unannehmlichkeit gilt es im Interesse eines dauerhaften Prüfungsmandats zu vermeiden oder wenigstens zu mildern.

Von rettungslosen Fehlprognosen abgesehen wird ein bedrängter Erwerber das *Going-Concern*-Prinzip zitieren und nutzen. Die anzunehmende Fortführung des Unternehmens erlaube es, einen etwaigen Wertberichtigungsbedarf aktuell zu ignorieren und die generell ungewisse künftige Entwicklung abzuwarten bis etwaige Wertkorrekturen mit Einwirkungen begründet werden können, die außerhalb der Einflusssphäre des Auftraggebers liegen.

3.3 Unternehmensberatung

Das weite Feld der Unternehmensberatung ist in seinen Ausuferungen für den Wirtschaftsprüfer nur in begrenztem Umfang zugänglich, da er durch seine strengen Berufspflichten gehemmt ist. Dennoch wird es hier in voller Breite geschildert.

3.3.1 Die Entwicklung des Beratungsgeschäftes

Was für Politiker die Macht, für Spitzensportler das Doping und für Junkies die Droge ist für Topmanager die Unternehmensberatung. Sie ist der Holzweg, der aus der Sackgasse von Unternehmenskrisen führen soll. Das ungebrochene Wachstum des Beratungsgeschäftes kann nur mit der Beratungssucht der Topmanager erklärt werden, die sich wegen der größeren Häufigkeit von Unternehmenskrisen immer mehr verbreitet.

Topmanager verspüren sowohl in depressiven als auch in euphorischen Phasen ein unwiderstehliches Verlangen nach Beratung durch Unternehmens- oder Konzernfremde[330]. Bei normalem Geschäftsverlauf und -erfolg wird die latente Beratungsbegierde meist mit Erfolg unterdrückt. Sie kann aber aus nichtigem Anlass jederzeit anfallartig hervorbrechen, z. B. nach dem Besuch des Weltwirtschaftsforums in Davos oder bei Bekanntwerden erheblicher Forderungsausfälle.

Die Beratungswunsch kann allerdings auch in der Ausnahmesituation aufkommen, in welcher der Topmanager weiß, was zu tun ist, dies aber nicht tun will.

3.3.2 Arten der Unternehmensberatung

Die Unternehmensberatung lässt sich nach der Schwere des Beratungsbedarfs in einfache, mittelschwere und höhere Beratung klassifizieren, wobei für die Kategorisierung die Höhe der Honorarsätze ein starkes Indiz ist.

Die **einfache Unternehmensberatung** betrifft handfeste Projekte, die man mit entsprechenden Fachkenntnissen handhaben kann, z.B. die Organisation des Informations- und Rechnungswesens oder die einfache Steuerberatung.

Bei der **mittelschweren Unternehmensberatung** spielt inmitten betriebswirtschaftlicher Zusammenhänge irrationales Verhalten eine spürbare Rolle, wie beispielsweise bei der Vorbereitung eines Börsenganges. Auch eine unkritische Unternehmensbewertung und die Finanzberatung kann dieser Kategorie zugeordnet werden.

Die **höhere Unternehmensberatung** dringt unmittelbar in den Dunstkreis des Topmanagements ein. Es geht darum, strategische Ziele durch klangvolle Gemeinplätze zu untermauern, Betriebsblindheit durch globale Analysen zu überwinden und für lahme Geschäfte abstrakte Belebungskonzepte zu entwickeln. Die höhere Unternehmens-

330 Topmanager haben eine unerklärliche Scheu, Mitarbeiter, Kollegen oder den Aufsichtsrat um Rat zu fragen.

beratung befasst sich nicht mit routinemäßigen Fehlentscheidungen, sondern mit strategisch eingeleiteten Katastrophen.

3.3.3 Die höhere Unternehmensberatung

Die höhere Unternehmensberatung sucht und findet komplizierte Lösungen für nicht vorhandene Probleme. Der schwierigste, von Laien meist unterschätzte Teil dieser Beratung ist die überzeugende Problemfindung, aus der sich die unternehmensindividuell anmutende Problemlösung ergibt. Sie wird i.d.R durch aufwendige Verfremdung aus dem Know-how von Unternehmensangehörigen destilliert.

Der fundamentale Grundsatz der höheren Unternehmensberatung lautet: „*Fortiter in modo, banaliter in re*“, d.h. „knallhart in der Darstellung, banal in der Sache“. Ein hochrangiger Unternehmensberater muss in geschliffener Fachsprache Selbstverständliches und Unwesentliches akzentuiert hervorheben können. Er muss Banalitäten mutig aussprechen und sie durch angelsächsische Begriffe veredeln.

Von einem souveränen Unternehmensberater werden erwartet:

- Neutralität: Abgewogene Distanz zur Realität,
- Sachverstand: Systematische Erfassung der Irrelevanz,
- Visionskraft: Geistige Durchdringung des Nichts,
- Praxisnähe: Fundierte Interpretation des Banalen,
- Durchsetzung: Sorgfältige Analyse des Unvorhersehbaren.

Unabdingbar ist für eine erfolgreiche Beratungstätigkeit ein sicheres Auftreten in allen Beratungslagen. Seriöse Berater schrecken selbst vor solchen Aufgaben nicht zurück, die sie überfordern. Grundfalsch wäre z.B. das Eingeständnis, von einer bestimmten Branche nichts zu verstehen. Offenheit in dieser Richtung trübt die Beziehung zum Kunden. Eine alte Beraterweisheit besagt: „Wer nichts weiß, weiß immer noch mehr als diejenigen, die überhaupt nichts wissen“.

Die **höchste Form** der Unternehmensberatung ist die Konsultation des Topmanagements. Von einem professionellen *Management-Consultant* wird neben fachlich verbrämter Sprache eine eindrucksvoll visualisierte Systematik der Projektbearbeitung erwartet. Der Routinier verdeckt die Abwesenheit einschlägiger Kenntnisse durch seine verfeinerte Beratungsmotorik, welche die zu behandelnden Probleme mit banalen Erkenntnissen erläutert und Lösungen oder Unabdingbares in abgewogenen Schritten offenbart.

3.3.4 Auftragsbeschaffung

Von Partnern oder Geschäftsführern renommierter Beratungsfirmen werden vor allem **akquisitorische Fähigkeiten** gefordert. Sie müssen bei potenziellen Mandanten das unwiderstehliche Verlangen nach Unternehmensberatung hervorrufen. Oft hilft schon der Hinweis, dass sich namhafte Topmanager anderer Unternehmen in der Sache bereits haben beraten lassen, um das Beratungsverlangen zur Beratungsgier (*aviditis consultationis*)[331] zu steigern.

Zu den kapriziösen Mitteln der Auftragsbeschaffung gehören Vortragsveranstaltungen in illustrer Gesellschaft und teurem Ambiente mit anschließendem festlichem Dinner oder erlesenem Büfett. Inhalt und Aufbau des Events sind so zu gestalten, dass dem potenziellen Kunden der latente Wunsch nach Unternehmensberatung bis zur Schmerzgrenze bewusst wird.

Der erfolgreiche Unternehmensberater muss ein sicheres Gespür für **attraktive Modetrends** der Managementlehre haben und sein Wissen mit deren Schlagwörtern und Floskeln anreichern. Je unverständlicher die Ausdrücke, umso professioneller wirkt ihr Gebrauch. Warnend ist darauf hinzuweisen, dass sich die Bezeichnungen für derartige Konzepte und Modelllösungen oft verändern.

Vorträge des Beraters und seiner Mitarbeiter sind durch bildliche Darstellungen aufzulockern, weil Spitzenmanager höchstens 3,7 Minuten lang aufmerksam zuhören können und ihre Aufmerksamkeit neu angestoßen werden muss[332].

[331] Dieser Beratungsgier entspricht auf der Seite der Berater der Konsultationstrieb (cupiditas cons.). Vgl. *Kalkfuß*, Symptome der Aviditas und der Cupiditas cons., 8. Auflage, Heidelberg 1998.

[332] In abgedunkelten Räumen reduziert die sich Aufmerksamkeitsdauer um ca. 25 %.

Es ist eine Stilfrage, ob bei einer Akquisitionsgala an der Garderobe vorbereitete Beratungsverträge ausgelegt werden, in denen zur Erleichterung für den Mandanten die Stelle angekreuzt ist, an der durch einfache Unterschrift der Beratungsvertrag zustande kommt. Für eine subtile Beratung dürfte ein solches Vorgehen zu grob und womöglich abträglich sein.

Bei beratungsresistenten oder sich zierenden Großkunden kann das Angebot helfen, kostenfrei oder mit einer geringen Anerkennungsgebühr einen **Workshop** für sie und ihre Mitarbeiter zu veranstalten. Der professionelle Unternehmensberater wäre nicht ein solcher, wenn er dabei nicht Probleme entdeckt, die den potenziellen Mandanten hinreichend beunruhigen, um einen Beratungsauftrag zu erteilen.

Der weltgewandte Berater wird jede Auftragsformulierung des Kunden akzeptieren, wenn er sie auf die ihm zusagenden Aufgaben (*self-created tasks*) trimmen kann, die er dann mit erprobter Perfektion und Routine bearbeiten wird. Störgefühle des Auftraggebers werden in der Regel durch die bald nach Beginn der Beratung einsetzende Beratungsapathie des Mandanten (*resignatio consultationis*)[333] überwunden.

Von existenzieller Bedeutung ist für den Berater, dass sein **Honorar** niveaugerecht in Euro-Beträgen pro Tag oder Stunde spezifiziert wird. Was der durchsetzbare Stundensatz nicht hergibt, muss durch die Anzahl der verrechneten Stunden ausgeglichen werden. Spesen und Nebenkosten sollten pauschal mit 20 bis 30 % des Honorars angesetzt werden. Merke: Die teuersten Gutachten sind die qualifiziertesten!

3.3.5 Auftragsdurchführung

Auftakt jeder Unternehmensberatung ist die Präsentation[334]des Beraters, bei der das Beratungskonzept in verbalen und grafisch ansprechenden Umrissen einem hochkarätigen Personenkreis vorgestellt wird, der möglichst alle Entscheider und Macher des Mandanten einschließt. Der

333 Sie ist die unbewusste Folge der Frustration der vom Berater überbeanspruchten Mitarbeiter des Mandanten. Siehe dazu *Brunzel*, Managementapathie als Krankheit und Sozialproblem, Stuttgart 1977. Interessant auch *Mullenkopp*, Das Los der Teilnahmslosen, Göttingen 1989.

334 Dieser Begriff sollte stets englisch ausgesprochen werden: „prisentäschen“.

um Anschaulichkeit bemühte Berater wird dabei sein spärliches Wissen auf möglichst viele Charts verteilen, um eine Überforderung seiner Zuhörer und Zuschauer zu vermeiden und durch knisternde Spannbreite und asketische Intelligenz des Vortrags zu beeindrucken.

Für jedes Chart sind die Nennung des Mandanten und das Firmenlogo ein unerlässliches Gestaltungselement. Das schmeichelt nicht nur dem Mandanten und seiner *Corporate Identity*, sondern erweckt vor allem den Eindruck eines speziell für den Mandanten entwickelten Beratungskonzeptes.

Der Beratungsauftrag wird bewährter Weise in folgenden aufeinander folgenden **Phasen** abgewickelt:

1. Kurzanalyse zur Formulierung des Beratungsgegenstandes mit beraterverträglicher Interpretation,
2. Analyse des Ist-Zustandes unter weitgehender Mitwirkung der Mitarbeiter des Mandanten,
3. Zwischenpräsentation des Ist-Zustandes, ggf. erste unmerkliche Neuformulierung des Beratungsauftrags zur Optimierung des Beratungskomplexes,
4. Ideenschöpfung durch intensive Befragung der Mitarbeiter des Unternehmens nach Lösungsvorschlägen und etwaigen Komplikationen; Kollegenbefragung nach vergleichbaren Problemlösungen,
5. Auswahl brauchbarer Ideen aus den Befragungen und Formulierung derselben mit eigenen Worten,
6. Homöopathisch dosierte Empfehlungen, Ratschläge und Lösungsansätze des Beraters im Rahmen weiterer Zwischenpräsentationen,
7. Verarbeitung der bei (6) geäußerten Zweifel, Bedenken oder Anregungen des Auftraggebers,
8. Festliche Präsentation des finalen Lösungsvorschlags,
9. Abschluss und Abrechnung der Beratungsleistungen

(1) Die erste Kurzanalyse sollte beendet werden, bevor der Mandant die Ausweglosigkeit seiner Lage oder mögliche Inkompetenzen des Beraters entdeckt. Hier machen sich umsichtige Recherchen bezahlt, um die Situation und Beratungsbedürftigkeit des Mandanten zutreffend zu ermitteln.

(2) Für die anschließende Analysephase müssen mindestens 6 Monate veranschlagt werden. Damit demonstriert der Berater Gründlichkeit, Präzision und Ausdauer und verdeutlicht die Schwere der anzusprechenden Probleme.

(3) Die süchtig machende Droge der Beratung wird dem Mandanten in **(Zwischen-)Präsentationen** verabreicht. Dabei muss die verträgliche Dosis von Anschaulichkeit und Informationsgehalt sorgfältig abgewogen werden.[335]

(4) und (5) Die lästige Aufnahme von Fakten sollte auf Projektgruppen verlagert werden, die zu 95 % mit Mitarbeitern des Mandanten besetzt sind. Der Berater braucht genügend Zeit, um das mandanteneigene Know-how in sein Beratungsergebnis unerkennbar einfließen zu lassen.

(6) Die in einschlägigen Literaturquellen angepriesenen Problemlösungen – im Beratungsgeschäft allgemein als „**Berater-Know-how**" bezeichnet – sollten dem Mandanten schrittweise offenbart werden. Zur Anfütterung sollten in die abstrakten Darlegungen einige brauchbare Ideen und Verbesserungsvorschläge eingestreut werden, die der sorgfältig arbeitende Berater durch Befragung der Betriebsangehörigen des Mandanten gesammelt hat.

Zwischenpräsentationen belegen am deutlichsten die honorarpflichtigen Fortschritte der Beratung. Im Interesse einer längeren Beratungsdauer darf der Berater Probleme und Lösungsansätze nur schrittweise andeuten, damit das Beratungsinteresse des Mandanten nicht zu früh erlahmt. Im Übrigen ist größte Sorgfalt auf das Layout der Schaubilder zu legen. Kolorierte Grafiken, große Schriftzeichen und maximale Reduzierung des Inhalts (höchstens drei Zeilen je DIN-A-4-Seite)[336] verleihen den Präsentationen ihre überzeugende Aussagekraft.

Bei längerer Beratungsdauer mit allmählicher Enthüllung möglicher Probleme ist nicht auszuschließen, dass Berater auch tatsächlich vorhan-

335 *Janus*, Die menschliche Seite der Beratung, München 1999.

336 Penner der Szene erklären diesen Reduktionsbedarf mit der Kurzsichtigkeit des Topmanagements. Siehe u.a. *Lilienkron*, Die Sichtweise etablierter Führungskräfte, Frankfurt 1992, S. 112 m.w.N.

dene Probleme entdeckt. Dann ist es wichtig, Gelassenheit zu bewahren bis die Probleme so ausgewählt und formuliert sind, dass sie dem vom Berater adoptierten **Beratungskonzept** entsprechen. Im Notfall muss er Substitutionsprobleme aufgreifen. Am Ende der Analysephase sollte der Berater zumindest ahnen, was er raten soll. Auf der anderen Seite kann in diesem Stadium der Auftraggeber mutmaßen, worauf er sich mit dem Beratungsauftrag eingelassen hat.

Seinen finalen Lösungsvorschlag nennt der versierte Berater „*Approach*", d.h. distanzierte „Annäherung", denn Zielerreichung ist nicht die Aufgabe des Beraters. Die Umsetzung der Beraterempfehlungen nennt man ehrfürchtig „**Implementierung**". An ihr sollte der Berater zur Wahrung seines Rufes nicht mitwirken.

Kann sich der Berater dem Wunsch des Mandanten, an der praktischen Umsetzung seiner Empfehlungen mitzuwirken, nicht entziehen, muss er rechtzeitig die **ultimative Beratungsbremse**[337] betätigen. Dazu ist in das Beratungskonzept eine unabdingbare Voraussetzung für dessen Erfolg einzufügen, die das Topmanagement zum Erhalt seiner Position nicht akzeptieren kann. Bewährt haben sich Vorschläge wie der Hinweis, dass der Vorstand von 6 auf 3 Personen verkleinern werden muss.

[337] In dem Beichtbüchlein für gewissengeplagte Manager und Unternehmensberater ist von der „Frenum cons." die Rede; *Damasus*, OSB, Gebet und Buße in unserer Zeit, 12. Auflage, St. Gallen 1997, S. 148 f.